凸凹小咄（でこぼここばなし）

―日本酒と旬菜―

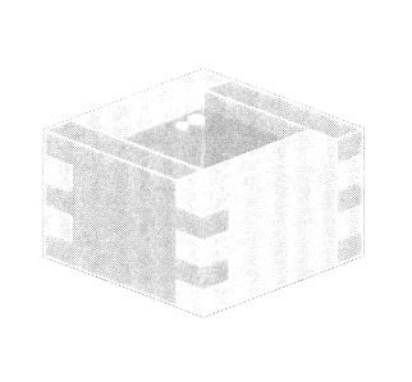

保古 将通

目次

はじめに

日本酒ブーム到来と騒がれるたびに、特定の銘柄だけがピックアップされます。しかしその熱も長くは続かず、日本酒の消費量は低迷したままです。その原因はアルコールの中で最も難しい造りやその工程、規則にそった種類や分類の多さなどがあげられます。この本で日本酒に興味をもってもらい、少しでも多くの方に理解していただければと願っています。

凸凹小咄

―日本酒と旬菜―

今からこの本を読まれる方に、世界最高峰の技術で造られた日本酒にもっと興味をもっていただこうと、日本人に馴染み深い落語の熊さん、八っつぁんの掛け合いのように読みやすく面白く書いたつもりです。

旬の酒の肴も彩りに添えました。お猪口片手に、気軽に読んでいただければ幸いです。

第一話　迷子にならないの巻（長月）

男と女では、脳の構造が違うそうです。以前読んだ『話を聞かない男・地図が読めない女』には、共感する話がいろいろ書かれていました。題名どおり、話を聞かない男や方向音痴の女性は実際多いと思います。海の世界には、何千キロという距離を迷わずに帰ってくる魚がいます。こちらは雄雌(おすめす)関係ないようです。頭の中にナビは入ってないのですが……。


「いらっしゃい、熊さん」

「大将、まずは日本酒や」

「ハイ、何がいいですか？」

「わるいけどこれ、もらったんやけど持ち込みでいい？　残ったら店で使って」

「お、大吟醸(だいぎんじょう)やないですか。ＯＫです」

「大吟醸って何？」

一言居士　登場

日本酒は普通酒と特定名称酒の二つに分類されるのじゃ。特定名称酒には、純米大吟醸・大吟醸・純

米吟醸・吟醸・特別純米・純米・特別本醸造・本醸造の八種類に分類され、原料や製造方法など細かくきまりごとがあるんだと。この八種類に該当しない清酒が、普通酒ということなのじゃ。

「大吟醸は、原料の酒造好適米を五〇％以上精米し、醸造アルコールを白米の一〇％以内添加した酒で、コストがかかり贅沢なんです。飲むと香り高く余韻もほどよく感じられ、フルーティーで甘味があり、食前酒には最適です。ちょうどいい具合にほどよく冷えてます。さあ、熊さん乾杯しましょ」

「本当、金木犀のような香りや。――うん、味もフルーティーで甘味のある上品な酒や。口の中で果実の香りが残るねぇ。美味しいなぁ……」

「肴は秋鮭の良いのが入ったんで、萩焼きとイクラの醤油漬をどうぞ」

「おぉ、このイクラの醤油漬、口の中でプチプチとはじけるね。萩焼はじゃが芋の千切りを油で揚げて銀杏といっしょに、鮭の塩焼きに載せて秋らしいね。鮭のほくほくとじゃが芋のさくさくが、口の中で渾然一体となって旨い！」

一言居士　再登場

鮭が川で産まれるのは知っとると思うが、六センチくらいに育つと三年から五年かけて大海へと旅に出るのじゃ。かわいい子には旅をさせろということかいな。そして秋頃、産まれた川に戻り、産卵をして死んでゆくそうな。中には時季間違って春に戻る時不知や、たった一年で戻ってきてしまう鮭児といったおっちょこちょいもいるんだと。ところがこの魚たち、希少価値と相俟ってとても高いんじゃ。身は雌より雄のほうが、腹部の身が厚く脂ものって旨いんだとさ。見分け方は雌のほうが顔が丸く、雄は少し尖って険しい顔をしているんだと。女のほうがぽっちゃりと優しい顔をしとるんじゃのう。

「鮭はえらいね。何千キロと離れた場所へ、何年もかけて旅をするんやから。俺なんてすぐ近くでも、しょっちゅう五里霧中やで」

「そんなこと言うて熊さん、また今日もハシゴする気でしょ」

「ヒィヒヒヒ、それは酒に聞いてくれ」

「……」

第二話　ブランドは美味しいの巻（長月）

日本の首相はよくころころと代わり、内閣支持率も最初だけですぐ低迷し、景気はいっこうによくならない昨今。そんな中、根強く人気と信用があるのがブランドではないでしょうか。因みにブランドを辞書で繙くと、特に名の通った銘柄とのこと。流行だけで終わらず、何十年と世間に認めてもらって初めてブランドと呼ばれるのでしょう。海の世界にもブランドがいます。中でも有名なのがこの魚では。


「大将、最近陽がおちるのが早くなってきたなぁ」

「秋の夜長ですねぇ。熊さん、何飲みますか？」

「とりあえず生ビールを。――うぅん、この一杯のために仕事しとるようなもんや。ハァハハハ……」

「今日は鯖の良いのが入ったんで、刺身と〆鯖にしました。生姜醤油と土佐酢でどうぞ」

「秋鯖のシーズン到来やね。どれどれ」

一言居士　登場

日本近海は、真鯖と胡麻鯖の二種類がおもに獲れるのじゃ。鯖の生き腐れと言うくらい傷みのはやい魚なんだと。これは鯖自体がもつ分解酵素が強過ぎるからだそうな。秋から冬にかけて脂がたっぷりのった、秋鯖と秋茄子は嫁に食わすなという諺があるくらい旨いんだとさ。江戸時代には、大名が七夕のお祝いに刺し鯖を、将軍家に献上する習慣があったようだ。これがお中元の始まりといわれとる。関鯖は誰もが知るブランドだが、庶民には高嶺の花やねぇ。

「さすが旬やねぇ。脂ものってシコシコの食感が最高や。〆鯖は鯖の甘味がひき立ってる。生姜醤油と土佐酢で食べくらべると、また違った味わいで面白いね。これは日本酒がほしくなる」

「それなら、純米冷やおろしを花冷えでどうぞ」

一言居士　再登場

冷やおろしとは、春先に搾った新酒を火入れ（日本酒の品質保持のために行なわれる加熱殺菌。六五度くらいの温度で悪い酵素だけ殺菌）して貯蔵するんじゃな。そして暑い夏をひんやりした蔵で熟成させ、本来ならここでもう一度火入れするのだが、この火入れをせずに瓶詰めして秋に出荷する特定名称酒を、冷やおろしと呼ぶのじゃ。

花冷えは、冷やの温度の呼称で一〇度。他に雪冷えが五度。涼冷えが一五度。因みに冷やと言えば二〇度なのじゃ。

「穏やかな米の香りで、なめらかな口あたりの酒やね。この秋鯖に合う。この一〇度くらいの花冷えが良いんやろね。初物食べて、まさに一葉秋を知る心持ちや、大将」

「秋茄子は体を冷やすので、思いやりから嫁に食わすなと思ってましたが、秋鯖も食わすなとなると、嫁いびり説が濃厚ということですかね、熊さん」

「どっちにしても、俺も大将も肝心の嫁さんがおらんで」

「……」

第三話　庶民の味といえばの巻（長月）

価格破壊・デフレスパイラルは、今や耳なれしてきた昨今、昭和の時代から現代までの長い間、物価変動に関係なくあまり値段が変わらない食べ物が鶏卵とバナナだそうです。物価を考えると、たいへん高価だったのでしょう。海の世界には昔から安価で、秋に美味しい庶民の味といえばこの魚でしょう。


「あれ、熊さん、今日はえらく早いですね」

「今日はひまで休みや。大将、とりあえず生ビール」

「ハイ。どうぞきめこまかい泡立ちの生ビールです」

「ふう、旨い！　最近の若者はアルコール離れで、とりあえずって死語らしいね」

「確かにノンアルコールが売れてるみたいだし、仕事の後のつきあいもあまりないと聞きました」

「どおりで最近誘っても、皆に断られる。時代のながれかなぁ」

「それは、熊さんがしつこいからやないですか」

「アホ。そんなことより次、日本酒や。大将のお薦めで」

「それなら、特別純米酒を涼冷えで」

一言居士　登場

純米と名のつく日本酒は、米と米麹と水だけで造られているのじゃ。戦前までの日本酒は、すべて純米酒だったそうな。特別純米酒は、濃厚で米本来の旨味が豊かな酒で、精米歩合が六〇％以下（純米酒は精白米であれば規定がない）で、酒造好適米の使用率が五〇％以上と、純米吟醸酒が混和されているなど、純米酒との違いがはっきりしている酒なんじゃ。


「確かに搗きたての餅の香りがする、濃醇な味や」

「酒好きが最後にいきつくのが、純米酒といわれてます」

「なるほどねえ。で、この酒に合う今日の肴は何？」

「北海道直送の秋刀魚が入ったので、刺身と塩焼きをどうぞ」

「鮮度の良い秋刀魚は見た目にも鮮やかやね。――うぅん、脂がのって口の中でとろける感じや。塩焼きも身がほくほくで、腹わたが甘苦くて旨い！」

「熊さんが食べてる秋刀魚は、両方とも雌です」

「え、何でわかるの？」

一言居士　再登場

サンマとは大きな群れをなすという意味なんだと。体長が三五センチから四〇センチくらいに成長するので、別名九寸五分（一寸は約三センチ）と呼ばれるのじゃ。これには、匕首（あいくち）に似ているからともいわれてるそうな。サンマにはコレステロールを減らすEPA（エイコペンタエン酸）が豊富なんだとか。体にも良いということやね。雄は口先がオレンジ色で、雌はオリーブ色なんじゃと。雌の方が丸味を帯びて脂ものって美味しいのじゃ。

「人も魚も、女性は明眸皓歯（めいぼうこうし）が好まれるってか。久しぶりに美人を味わって、今晩眠れそうにないわ。大将、責任とって最後までつきあってもらうで」

「えっ……」

第四話　不老長寿は夢じゃないの巻（神無月）

一九九〇年代、金さん銀さんという百歳を超えた長寿の双子の姉妹が居られた。その当時、流行語大賞にもなった人気者だったことを思い出しました。インタビューで長生きの秘訣はと聞かれ、少量の日本酒と鯛（たい）の刺身を毎日食すといわれてました。まさに酒は百薬の長ということでしょう。秦（しん）の始皇帝は死ぬまで、不老不死の薬草を追い求めていたとか。長寿といえばこの食材でしょう。


「熊さん、お疲れみたいですね。また飲み過ぎですか？」

「それもあるけど。齢かなぁ、最近疲れがとれんわ」

「まだまだ、そんな齢やないですよ。そろそろ旧暦の九月九日ですね。重陽の節句ですから、まずは菊酒をどうぞ」

「チョウヨウ？　何で菊酒？」

一言居士　登場

さきに旧暦について一言。明治五年まで日本で用いられていた暦で、太陰太陽暦というのじゃ。これは月の満ち欠けで一カ月を決めるので、ひと月が二九日か三〇日になるんだと。それで三年に一度は閏（うるう）

月を入れて、一年が十三カ月の時があったのじゃ。

旧暦九月九日を五節句の一つ、重陽の節句というのじゃ。昔々の中国では、菊の花は薬で、ある谷の人達で百歳を超える人がたいへん多かった。そこには菊の花が咲きほこっていたそうな。それで菊の花と不老長寿が結びつけられたといわれとる。日本でも九月八日の晩菊に真綿をかぶせて、翌九日の朝にその真綿に含まれた露を飲むと、若返ると思われてたそうな。今でいうアンチエイジングやね。そんなところから、重陽の節句に菊の花を食べると長生きするといわれてるのじゃ。


「へぇ、菊の花が不老長寿とは知らんかった。大将、菊酒おかわり！」

「ハイハイ。肴は菊花と占地茸の利久和えと、温豆富の菊花餡かけをどうぞ」

「今日は菊づくしやね。本当に不老長寿も夢やないかも……」

一言居士　再登場
利久は秀吉に仕えた千利休のことなのじゃ。利休が白胡麻をたいへん好んだ（こじつけという話もある）ところから、白胡麻を使った料理に冠されるそうな。ただ縁起をかつぐ料理人の世界では、休の字を忌み字としてさけ、韻が同じ久の字を当てるんだと。また黒胡麻は、昔から南部地方が名産地なので、黒胡麻を使った料理に南部を冠するのじゃ。

「温豆富の富の字も利久の久と同じことなんやね。あつあつの豆富に菊花餡の甘味と菊花の苦味がよう合って美味しい。利久和えは、余韻に白胡麻の香りが広がるね。これで寿命も一〇年は伸びたかなぁ」

「大丈夫。熊さんは重陽の節句に菊を食べんでも長生きします」

「大将、うれしいこと言うてくれるね。老いては当に益々壮んなるべしやね……。ん、まさか憎まれっ子世にはばかるってか。大将！」

「……」

第五話　お月見は二度するの巻（神無月）

人類が初めて月面着陸したのが一九六九年、映画にもなったアームストロング船長率いるアポロ十一号でした。あれから半世紀以上経ち、最近は日本人が宇宙ステーションに滞在する時代です。しかし、海外旅行すら行ったことがない筆者は、満月を見ると今でも兎が餅を搗いているように見えます。皆さんの目にはどう映っているのでしょう。


「ま、まいろ、たいひょう」

「あらら、熊さんご機嫌ですね。どこで飲んでたんですか？」

「そこの河原で月見をひてたんよ」

「そういや、今日は十三夜でしたね」

「十五夜のおちゅきさんも良かったけど、今日のおちゅきさんもきれかった。うん」

一言居士　登場

旧暦八月十五日を十五夜というのは知っとろうが、旧暦九月十三日を十三夜というのじゃな。十五夜を中秋の名月（芋名月）と呼び、十三夜を後（のち）の名月（豆名月・栗名月）と呼ぶのじゃ。

「へぇぇ、熊さんてただの酒呑みやなかったんですね。十五夜だけ月見するのを、片見月いうて、縁起が良くないといわれてます。少し見直しました」

「こんな時代やきゃらこそ、花鳥風月がたいしぇつなん○×※△……」

「だいぶ出来上がってるみたいですから、温ったかい抹茶と三色団子と栗の渋皮煮をどうぞ」

一言居士　再登場

桃栗三年柿八年というとおり、栗は種を蒔いて三年で実をつけるのじゃ。毎年大きな栗を収穫するには、親木から二月頃に枝を切り取り冷暗所に保存して、春に接ぎ木をして増やすそうな。また栗の木は、鉄道の枕木にも使われてるのじゃ。


「ふうん、鉄男の俺も栗の木とは、しりゃなきゃったなあ」

「熊さんは何派の鉄男ですか？　切符を集める方、それとも模型？」

「そんなことより、たいひょう、やっぱり酒もくりぇ」

「飲み過ぎですよ……。もう仕方ないですね。それなら、和菓子にも合う貴醸酒をどうぞ」

一言居士　再々登場

貴醸酒は仕込み水の半分（または全部）を日本酒で造った酒なのじゃ。一旦発酵の終わった酒に、再

び原料を投入して再発酵させる醞法という昔々からの贅沢な酒なんだと。味は濃醇で甘口、三年以上熟成させて出荷させるそうじゃ。

「うん、上品な甘口でわぎゃしに合う酒や。この三色団子は、彩りもちれいであんこが甘過ぎず美味ひい。栗の渋皮煮はチョコレートを彷彿しゃせる味やね」

「酒呑みって、左党の人が多いけど、熊さんは両方イケるんですね」

「ふふふ……。俺は両刀づかいきゃも。たいひょう、今晩気をつけときや」

「……」

第六話　柿食えば……の巻（神無月）

司馬遼太郎原作『坂の上の雲』がＮＨＫでテレビドラマ化され、好評だったのを思い出しました。激動の明治時代、正岡子規の生涯と日清・日露戦争で活躍をした秋山好古・真之兄弟を描いた秀作です。松山市にある子規記念博物館と坂の上の雲ミュージアムも、入館者が順調のようです。近代俳句を確立したのぼさんこと、正岡子規の秋の句で「柿食えば鐘が鳴るなり法隆寺」の、法隆寺をかきくけことよんでいたことを思い出します。


「あれ、熊さん、顔が赤いけどまた飲み過ぎですか？」

「アホ。風邪気味で少し熱があるんかも……」

「また酔っぱらって、へそだして寝てたんでしょう」

「そんなことより熱燗つけて、大将」

「それなら卵酒を作ります」

一言居士　登場

卵酒は昔から発汗剤で熱を下げ、卵の栄養分で滋養をつけるので、風邪に効くといわれてるのじゃ。

今の人はあまり飲んでないみたいやね。作り方は家庭によって千差万別だが、今日は簡単に美味しくできる卵酒を伝授してやろうかのう。

一．湯呑に卵黄だけを落とし、砂糖小さじ一～二杯加えてよく混ぜる。

二．六〇度くらいに熱した清酒一カップ（約二百ｃｃ）を、一に注ぎながらかき混ぜる。

三．全体がとろりと混ざったら、一分間待てばでき上がり。

「うん、久しぶりに飲んだけど、懐かしい味や。ただ、もうちょっと甘かったなぁ……。たぶん子供やったんで、わざと甘くしてくれてたんやろな」

「肴はビタミンＣが豊富な柿にします。昔から柿を食べると医者いらずといわれてます。今日は柿膾と柿の風呂吹きをどうぞ」

一言居士　再登場

柿は昔は渋柿だけだったのを、室町から江戸時代にかけて品種改良を続けて、ようやく甘柿が誕生したそうな。江戸の頃は柿に含まれる柿シブ（タンニンの一種）で和傘を作る時、水はけを良くするために塗っていたんだと。

なますは昔は魚貝肉や野菜を刻んで、生で食べる料理のことをそう呼んでいたそうな。今は甘酢で〆た料理のことを言うのじゃ。魚偏の鱠は魚貝を使った料理で、月偏の膾は野菜だけで作った料理と区別してるのじゃ。

「柿膾は酸味と柿の甘味、それに大根の食感がけんかせず調和して美味しいね。柿の風呂吹きは初めて食べた。熱々で柿の甘味と味噌味がよう合ってる、旨い！」

「柿をまるごと油で揚げて、白味噌でじっくり煮込みました。卵酒と柿で風邪も吹きとびます。あとは帰って、ゆっくり寝るだけです。熊さん」

「佚を以って労を待つと言うことか……。ここで一句、柿食えば風邪も吹きとびもう一軒」

「ダメだ。こりゃ！」

第七話　食べずに見るだけの巻（霜月）

秋の七草といえば、萩の花・尾花（薄）・葛花・撫子の花・女郎花・藤袴・桔梗（朝顔）の七つです。食べる春の七種・愛でる秋の七草といわれますが、心にゆとりのない現代人こそ、美しい季節の花を愛で心を癒やす必要があります。海の世界にも美しい容貌の魚と、そうでない魚がいます。

「いやあ、大将。羽化登仙とは今日のようなことを言うんやろね。目の保養をして来たで」

「熊さん、さてはのぞきでもしましたか」

「アホか！　大将には花鳥風月がわからんのやろ。今日は紅葉狩りに行ってきたんや。だいぶ色づいて、空気もきれいで、持っていってたコンビニ弁当が高級な幕の内に感じたで」

「熊さんは花より団子やと思ってました。意外にも風流なんですね」

「意外は余計や。でも陽が落ちてくると寒かった。と、いうことで燗酒にして」

「ハイ。まずは本醸造を人肌燗でどうぞ」

「本醸造って、特定呼称酒の一つやね。でも人肌燗て初耳やけど、まさか大将の肌で温ったためるんと違うやろな」

一言居士　登場

本醸造酒は精米歩合七〇%以下の白米を使って仕込んだ酒なのじゃ。発酵の終わった醪(もろみ)に、仕込みに使われる白米の重量の一〇%以下の醸造アルコールを添加した酒なんだと。香り控えめで淡麗スッキリ系の味わいが多いのじゃ。

燗の温度には日向燗(ひなた)（三〇度）人肌燗（三五度）ぬる燗（四〇度）上燗（四五度）熱燗（五〇度）ととびきり燗（五五度以上）と分類されるのじゃ。日本酒の特性や料理に合わせて飲んでみると面白いぞなもし。

「冷酒で飲むより香りも強く感じる。味わいも甘味と苦味のバランスが良いね、大将」

「肴は甘鯛の昆布〆と若狭(わかさ)焼きにしました」

「真鯛はよく食べるけど、甘鯛はめずらしいね。どれどれ」

一言居士　再登場

甘鯛は日本近海だと白・赤・黄甘鯛がおもに獲れるそうな。中でも白甘鯛が最も美味といわれてるんじゃ。京都ではぐじと呼んで、特に若狭産のぐじが最上だとか。あの徳川家康は、鯛の天婦羅を食べ過ぎて死んだといわれるくらいの魚好きで、その家康が絶賛したといわれる、興津の局が献上した静岡県興津地方の甘鯛が、今でも興津ダイで有名なのじゃ。

「昆布〆は、昆布の風味と塩味が甘鯛の旨味をひき立ててる。刺身で食べるより身も締まってるね。若狭焼きは海の汐味の一夜干しで、甘鯛本来の味が楽しめる。でも、こんなに美味しいのに、顔はぶさいくやなぁ」

「昔から『魚店の甘鯛どれも泣き面に』と詠まれてるくらいですから」

「なるほど。貌を以って人を取るでは、この旨い味を見逃すところや。でも、人に例えるなら、俺が真鯛で大将が甘鯛やなぁ。ハアハハハ」

「……」

第八話　国産は夢のまた夢の巻（霜月）

子供の頃、大相撲といえば横綱・大関といった強い漢たちにあこがれていました。そのころは外国人大関すら皆無でした。今では肝心の日本人横綱が不在となって久しいものです。食に関しても、日本の自給率はどんどん低下し、安い外国産が蔓延しています。地産地消と叫ばれる昨今、庶民の口には入らない国産物も。


「もう外は寒いねぇ……ウフッ」

「顔がにやけてますよ、熊さん。何か良いことでもありました？」

「え、わかる？　ちょっと玉遊びで馬鹿づきして。フフ」

「何、飲みますか？」

「とりあえず生ビール。大将も飲んで。肴はいくら高くても良えから、ふだん食べれん物が欲しいなぁ」

「あ、ありがとうございます。それなら国産松茸の土瓶蒸しと焙烙焼きにします」

一言居士　登場

近年松茸は、中国・韓国・カナダからの輸入物が割と安価で出回っているのは知っとろう。しかし国

産物は味も香りも比較にならないのじゃ。ただし価格は何倍も高く、それゆえ山の幸の王と呼ばれるんやろうね。松茸は落ち葉や枯れ草が積もり、下草が一面生えている環境では発生しないそうな。今は少なくなった赤松林で採れた松茸が最高なのじゃ。

「まずは土瓶蒸しから——うぅん、やっぱり国産は香りが違う。大将、お酒燗しといて。ちょいと、酢橘を搾って……う、旨い！」

「ハイどうぞ。純米酒の生酛造りを人肌燗で」

「生酛造り？」

一言居士　再登場

生酛造りは酒母造りの工程の中の、今ではほとんどの蔵がしない、麹や蒸米を擂りつぶす酛摺り（山卸し）という作業を行うのじゃ。これはたいへんな技術と労働力のいる作業で、時間をかけて雑菌を自然淘汰しながら酵母を育成するので、力強い酵母だけが生き残り、濃醇で深みのある味わいになるのじゃ。

「国産松茸に負けてない、濃醇でふくよかな米の香りが強い酒や。美味しい。お、次は焙烙焼きがきた」

「ハイ。仕上げに日本酒を振りかけて」

――ジュウ――

「おぉ、堪まらん。松茸の強烈な香りや。こんなにぶあつい松茸食べるの初めてや。うん、このシャキィシャキィした歯ごたえ最高！」

「しめは松茸ご飯を用意してます」

「大将、一刻千金（いっこくせんきん）とはまさに今この時のことやろねぇ。日本人で良かった」

「もう一杯いただきます。熊さん、また大勝ちして来て下さい」

「アホ。世の中そんなにあまくないでぇ……。お腹もくちくなってきたら、人肌恋しくなったなぁ。誰か居らんかな……国産でなくてもいいんやけど」

「……」

第九話 一生泳ぎ続けるの巻（霜月）

最近はマラソンブームで、ジョギングしている人を多く見かけます。健康やダイエットのために走る人もいるでしょうが、東京マラソンのような大きな大会が、市民マラソンに変更され参加者の門戸が広がったことも一因だと思います。海の世界には、死ぬまで泳ぎ続けるつわものが。


「ふぅぅ、疲れた疲れた。大将、生ビール」

「ハイどうぞ。あれ、熊さん、そのおでこの傷？」

「人がたりんので、市民運動会に駆りだされたら、このザマや」

「派手にこけたみたいですね」

「うん。気持ちだけは、前へ前へ行ってたんやけど。足がなぁ……」

「完全に運動不足です。今日の肴は、横綱（よこわ）の刺身とメバチ鮪（まぐろ）のづけ焼きにしました」

「横輪って？」

「クロ鮪の幼魚です」

一言居士　登場

鮪の平均時速は六〇キロなんだと。最高速度になると一六〇キロにも達するというから、車ならスピード違反で免許取消やね。眠る時も泳ぎ続け、寿命は八～九年、長いものは三〇年も生きるのじゃ。四百キロ級の鮪が釣れるのもうなずけるねえ。クロ・ミナミ・メバチ・キハダ・ビンナガの五種類が主流で、最近は養殖物も多く出回ってるのじゃ。


「欧米などでは、絶滅危惧種に指定しようとしているあのクロ鮪やね。鯨のつぎは鮪と、日本人の食文化はわかってもらえんのかなあ」

「本当、日本人にとっては厳しい話です」

「大将、このメバチ鮪のづけ焼きって、お肉食べてるみたいや。白御飯に合いそうやけど、やっぱり日本酒やね」

「ハイ。純米酒の山廃(やまはい)造りをぬる燗でどうぞ」

一言居士　再登場

山廃造りは正式名『山卸し廃止酛』と言うのじゃ。酒母造りの工程で、自然のままに乳酸を培養・育生して、できた乳酸菌によって雑菌を死滅させ、その乳酸菌も自生のアルコールで消滅させる方法なんだと。生酛造りの山卸しの工程を廃止したので山廃造りと呼ぶのだとさ。味わいは濃醇でコクがあり、少し酸味を感じる酒になりやすいそうじゃ。

「山吹色をしてるね。——酸味がキレを感じさせて、米の濃醇な味わいが後からくる。うぅん、辛口で旨い」

「熊さんのことやから、生酛の山卸しを廃止した酒やと馬鹿にしてたでしょう」

「うん。でも間違ってた。酒も人生も一張一弛（いっちょういっし）ちゅうことやね。俺や鮪のように走り続けるよりも、大将のように手抜きを覚えるのも大事なんやろう」

「え、手抜き……」

第十話　大根足は誉め言葉の巻（師走）

一九六〇年代、ミニスカートが大流行して以来、形を変えながら世の男性を喜ばせてくれています。中には真冬の寒い時でも、素足にミニスカートの女性を見ると、その心意気に感服してしまいます。そして、ついつい連想してしまうのがあの野菜では。


「今日はニュースで初雪や言うてたけど、本当寒いなぁ」

「そうですね。あれ、熊さん、そのおでこの瘤どうしたんですか？」

「う、うん。ちょっとね」

「ふぅん……」

「また変なこと想像してるやろ。そんなことより熱燗や、大将」

「ハイハイ。――どうぞ特別純米酒にしました」

「ふぅ、旨いなあ。寒い日は熱燗にかぎるね。あれ、この特別純米酒って前に涼冷えで飲んだ酒やね」

「よく覚えてましたね。熊さん」

「でも、その時よりも香りは強いし、コク深い味に感じるけど……」

一言居士　登場

日本酒は世界のアルコールの中でも珍しい燗酒という文化があって、飲用温度帯も凍結酒（零度以下）から、とびきり燗（五五度以上）とたいへん幅が広いのじゃ。例えば同じ純米酒でも、雪冷えで飲むのと熱燗で飲むのとでは、香りも味わいも全然違う感覚になるのだとさ。ただし日本酒によっては、美味しく味わえる温度帯があるので気をつけてほしいんじゃな。

「へぇ、そうなんだ。じゃあ次は上燗にして。ところで大将、今日の肴は？」

「先に上燗をどうぞ。肴は大根の阿茶羅漬けと風呂吹大根です」

一言居士　再登場

大根は春の七種のひとつすずしろのことで、古くから日本人には馴染み深いんじゃ。日本書紀（七二〇年）にも、女性の白くて形の良い腕にたとえて歌が詠まれてるのだと。また大根に含まれる成分ジアスターゼは、デンプン消化酵素で有名だが、アスコルビン酸という成分も含まれていて、これが最近発ガン性物資を消滅させる働きがあると研究されてるそうじゃ。

「風呂吹大根は白味噌ベースの玉子味噌と、赤味噌ベースの肉味噌の二つの味を楽しめて旨い！　このアチャラ漬けって、ピリッと効いてさっぱりしてる。大根の歯ごたえが良えね。でも何でアチャラ漬けなん？」

「もともとインドネシア料理で、アチャルという生の野菜を甘酢に漬けて、赤唐辛子を入れた料理のことで、これが日本に伝わりアチャルがアチャラになったという説と、ペルシャ語の塩漬けの意味で、ペルシャ人がアチャラと呼んでいたという二つの説があります」

「甲乙つけ難しやね。今日みたいな寒い日に、熱々の大根で体も温ったまった。おまけに一つの料理で二つの味を味わえたし。それにしても、昼間は一度に二人のスカートが捲(めく)れるとは……」

「あぁ、やっぱり」

「二兎(と)追うものは一兎も得ずか。おまけにこんな瘤まで。痛っ」

「自業自得です！」

第十一話　粋でいなせは魚からの巻（師走）

江戸時代女性にモテたのが、火消しと力士と魚河岸の男衆だったそうです。火消しは細かな縞格子（しまこうし）模様の無地感覚の着物に、組の名前が入った袢纏（はんてん）を身にまとい、豆絞りの手ぬぐいをきりりと締めて町を闊歩（かっぽ）し、力士は存在自体が大きいうえに、派手な柄物の着物がよく似合い、魚河岸の男衆は威勢がよくケンカっ早い、粋でいなせな兄さんと人気があったようです。そのいなせの語源が海の世界に。


「今日はずいぶん遅がけですね、熊さん」

「うん、時代劇見てたらこの時間になった」

「好きですねぇ。この紋どころが目には――」

「それより、生ビールと、肴は何？　大将」

「あ、ハイ。今日は鯔（ぼら）の良いのが入ったんで、算盤玉（そろばん）の塩焼きと鯔しゃぶです」

一言居士　登場
鯔と言えば出世魚の代表格じゃな。昔は生後百日の祝い事『お食い初め』には欠かせなかった。地方によって多少呼び名も異なるが、オボコ・スバシリ・イナ・ボラ・トドと成長により変わるんだと。江戸時代に魚河岸の男衆の間で流行った、イナの背のようにつぶした髷（まげ）から、鯔背銀杏（いなせいちょう）の男衆をイナセな兄さんと呼んだそうな。また、うぶで世間知らずをオボコいと言い、最後の最後をトドのつまりと呼ぶのも鯔からきてるのじゃ。

「この算盤玉はこりこりして、ミノに似て珍味やけど、一体どこの部分？」
「胃の幽門部分です。お腹の中心部にあるところから、鯔のへそとも言います」
「鯔しゃぶは、脂がのって身はぷるぷるで旨い！　ポン酢のあっさり感でいくらでも食べれそうや。これは日本酒やね、大将」
「ハイ。木桶（きおけ）仕込みの樽酒を冷やでどうぞ」

一言居士　再登場
木桶仕込みは杉製の大桶で仕込んだ日本酒なのじゃ。昭和三〇年頃まではこれが当たり前だったそうな。今では桶職人もいなくなり、金属タンクが当たり前なんだと。木桶は金属タンクに比べ保湿性が高く、醪の温度経過がゆるやかで、それゆえ濃醇な味わいになるが、微生物の管理がたいへん難しいのじゃや。

「濃厚で香りが強いね。うむ……このいつもと違う香りは、杉の香りと味わいやね。昔の人はいつもこの樽酒を飲んでたんやろ。何か俺も、イナセな男衆になった気分や」

「熊さん、イナセなどころか、お互い髷じたい結えませんよ」

「年年歳歳花相似たり、歳歳年年人同じからずや。か……」

「本当、お互いパーマの時も……」

第十二話　主役じゃないけど名脇役の巻（師走）

『粋な向板・小粋な煮方・姐さん狂わす洗い方』

その昔修業時代に先輩から聞いた小唄です。これを聞いた洗い方の頃、下っ端のほうがもてると勘違いしたものです。仕事にも役割があるように、ドラマにも主役がいれば脇役もいます。しかし、名脇役あってこそドラマも成り立つのでは。食材の中にもそんな名脇役がいます。


「今日も熊さん、顔が赤いけど、また飲んできたんですか」

「アホ、違う違う。今、銭湯の帰りや」

「あぁ、どおりで良い香りがしますね」

「大将、今日は何の日？」

「冬至ですね。柚子湯ですか」

「おかげで体の芯まで温ったまって、ポカポカする。と、いうことで涼冷えで」

「ハイ。それなら特別本醸造酒をどうぞ」

一言居士　登場

特別本醸造は精米歩合が六〇%以下、もしくは酒造好適米の使用率が五〇%以上で、同じ蔵元の本醸造と比べて明らかに製法上に違いのある酒なのじゃ。味わいは本醸造同様、淡麗でスッキリ系の酒が多いんじゃ。


「香り控えめで、すうっと入って後からアルコールが広がるね。すっきりして旨い」

「今日の肴は、豆富の柚子味噌田楽と柚子釜蒸しにしました」

「豆腐は淡味で炊いてるんやね。これに柚子味噌を塗って焼いてるんや。豆富の甘味と柚子の香りが広がって旨い！　柚子釜蒸しは、牡蠣や百合根の入った茶碗蒸しみたいやけど、柚子自体が器とは……。うぅん、クリィミィーでデザートみたいで、美味しい」

一言居士　再登場

柚子は日本各地で栽培されてるが、寒気に強く酢橘（すだち）同様枝に刺（とげ）がある。初夏の頃に五弁の白い花が咲き、この頃を花柚（はなゆ）と呼ぶ。やがて小粒の果実が生じる。これを実柚子と呼び、さらに初秋の頃の緑色の果実を青柚と呼ぶ。晩秋から初冬の頃よく出荷される黄色い実を黄柚子と呼ぶそうな。使い方は、搾ってポン酢にしたり、おろし柚子・へぎ柚子・柚べしなどなど、いろんなところで活躍してるのじゃ。

「熊さんは甘い物もイケるから、柚べしもどうぞ」

「今日は一日柚子づくしやね。今日の柚子料理は、まちがいなく柚子が主役やったね。いや、主役はやっぱり俺で柚子は脇役？」

「……」

「でも今日の柚子は、八面六臂（はちめんろっぴ）の活躍やった。柚子は小粒な時から活躍するのに、おんなじ小粒な大将も、もっとがんばらな。大物の俺が言うのも何やけど」

「こ、こつぶ……」

第十三話　一年の計は元旦にありの巻（睦月）

日本は高齢化社会・核家族化が当然で、孤独死は日常茶飯事の今。中には我が子を虐待死させるニュースもよく聞きます。昔は大家族があたりまえで、ふだんから年寄りの知恵や躾（しつけ）が孫やひ孫に受け継がれていました。『トイレの神様』もその一つで、以前大流行しました。しかし、今の日本人は古き良き日本の伝統や文化、そして仕来（しきた）りまでも失うのでは。まずはお正月から見直しては。


「明けましておめでとうございます。今年も宜しくお願いします」

「おめでとうさん。こちらこそ宜しく頼むで、大将」

「まずは、お屠蘇（とそ）を用意しました」

「ほぉ、お屠蘇なんて、聞くだけで初めてやなぁ」

一言居士　登場
お屠蘇を元日に飲むと一年の厄が払われて、寿命が延びるといわれとる。この習慣は中国から伝わり、屠蘇は漢方酒だったそうな。屠の字は『ほふる』と読み、邪気を屠り絶つという意味。蘇の字は『よみがえる』と読み、人の魂に新たな活力を与えるという意味。屠蘇を飲む習慣は平安時代、嵯峨天皇の頃元旦儀式として始まったんだと。それが江戸時代には庶民にも広まったという。屠蘇の処方には七味・八味・九味があり、白朮（びゃくじゅつ）・桔梗・蜀椒（しょくしょう）・桂心・大黄・烏頭（うとう）・防風・ばつかつといった薬草を酒に煎じて飲んだそうな。寒い時季だけに、風邪を予防するためだったようやね。飲み方は一家揃って東の方角を拝んでから、年下の者から年上へと順に飲むのがきまり。これは若い人の生命力を年上の者に贈り、長生きしてもらいたいという願いが込められているのじゃ。


「それでは東を向いて、手を合わせ」

――パンパン
「まずは、年下の大将からやね」

「お先にどうも――次は熊さん、どうぞ」

「最近の屠蘇は味醂に入れて飲むから、甘くて飲みやすいんやろうね」

「それでは正月なんで、純米大吟醸を花冷えで乾杯といきましょう」

「う、旨い。朝から飲む酒は五臓六腑にしみわたる。大将、楽しみにしてたお節重（せち）、早う出して」

一言居士　登場

お節はお節句（せちく）の略で、昔々は季節の変わり目にあたる五節句に、神前にお祝いの料理を供えて宴会をしていた。それが時代とともに五節句ではなく、正月料理をお節と呼ぶようになったのじゃ。正月はもともと、歳神様（としがみ）を迎えて豊作を祈る行事だった。それで正月三が日は忌（い）みごもるとされ、物音を立てたり煮炊きすることを控えるために、お節料理が作られたそうな。お節料理は豊作を祈る意味合いから、料理にこじつけた物や語呂合わせになった料理が多いのじゃ。


「昔の人は神様や道徳を大切にしてたんやね。縁起や語呂合わせは、古き良き日本人の知恵と遊び心ということかな。で、例えば何？」

「そうですね、田作り（五万米）はカタクチ鰯（いわし）の干物で、昔は田畑の高級肥料として使われていたので、豊作を祈って食べるとか。蓮根はたくさん穴が開いているので、先が見通せるからとか。数の子は卵の数が多いので、子孫繁栄にかけてるとかです」

「なるほどねぇ。じゃあ、語呂合わせは？」

「橙は代々で、家系が絶えないとか。昆布はよろこぶで鯛はめでたいとかですね」

「そういうのを知らずに食べるのと、知って食べるのとでは味まで変わる気がする。では黒豆食べて、今年も豆に働けますように。と」

「今年もって、熊さん。今まで豆に働いてたんですか？」

「アホ。俺ぐらい汗馬（かんば）の労で働いているやつは居らんで」

「……。それより、この不景気をのりきるために、鰤（ぶり）の照焼き食べて羽鰤が良くなりますように」

「本当、そうあり鯛な……」

第十四話　七番目に占うの巻（睦月）

日本人にとって初詣では、正月の恒例行事ではないでしょうか。有名な神社仏閣では、三が日で何百万人もの参詣者で賑わいます。初詣でに行けば、おみくじを引く人も多い筈です。太古の昔から、占いは神事に欠かせない行事だったようです。しかし、一月七日に占われたのが実は……。


「熊さん、また少し太ったんやないですか？」

「う、うん。寝正月で餅ばっかり食べて、飲んでたからなぁ」

「今日は一月七日。五節句の一つ、人日の節句です。七草粥を食べて、今年一年の無病息災を願いましょう」

「七草粥もええけど、その前に酒や。大将」

「たまには休肝日をつくらなダメですよ……。って聞くような人じゃあないですよね」

「大丈夫。今年のおみくじは大吉やったし、健康面も問題なしって書いてた」

「へぇぇ、大吉ですか。もう何年も引いたことないですね。それよりも、まず七草粥をどうぞ」

「ハイハイ、わかりました。でも何で一月七日に七草粥をたべるんやろ？」

一言居士　登場

一月七日は人日（じんじつ）の節句と言って、もともと中国では一月一日から順番に、鶏・犬・猪・牛・馬と占っていき、七日は人を占ってたので人日と呼ぶようになった。それぞれ占った対象は、その日に限って殺生しなかったそうな。日本では、七日にフクロウの一種で鬼車鳥（きしゃちょう）が中国から飛んできて、家の門を壊したり燈火の火を消すと信じられてたんやね。でも粥を食べれば、その災難から逃れられ、一年を無病息災に過ごせると思われてたんだと。それに正月子（ね）の日に若菜を摘む行事や、七種類入った羹（あつもの）（熱い吸物）を食べる風習が重なって七草粥を食べるようになったのじゃ。


「へぇ、そうなんや。鬼車鳥に襲われんように、しっかり食べとこ」

「淡味にしてるので、薄かったらこのべっ甲餡をかけて下さい」

「醤油ベースの出汁を吉野葛でひいてるんやね。これとは反対に、無色透明にちかい餡を銀餡て言うんやろ」

「よく知ってますね、熊さん。昔の人は、色の違いをきれいな表現に変えますね」

「本当や。それより七種って何と何やった？」

「芹（せり）・薺（なずな）・御形（ごぎょう）・繁縷（はこべら）・仏の座・菘（すずな）・蘿蔔（すずしろ）です」

「そうや昔、その順番で韻をつけて覚えた気がする」

「最近は、ハウス栽培で収穫されたものがスーパーに出回っていますね」

「俺が小さい時は、親といっしょに畦道で採ってたね。便利になった分、七種の区別もつかんようになった。ところで大将、酒はまだ？」

「あれ、覚えてたんですね。まだまだ頭は大丈夫ですね」

「アホ！　人生は刮目して相待つべしや。俺は常に進歩してるんやで」

「どおりで、熊さんのお腹はどんどん前に進歩してます」

「……」

第十五話　釣り名人の巻（睦月）

太公望を自認する人たちは季節も時間も問わず、どこへでも追いかけて行きます。そして釣り糸をたらせば、何時間も待ち続ける忍耐力は、好きでないとできません。しかし、大きな魚拓(ぎょたく)を見ると素人でも惚れぼれしてしまいます。故・俳優松方弘樹氏は、二年続けて三百キロ以上ある鮪を釣り上げ、釣り名人で話題になりました。海の世界にも釣り名人の異名をもつ魚が。


「大将、今日の釣果や。刺身で食べたいけど、適当に使って」

「熊さんにしては大漁やないですか。ぜんご（鯵の赤ちゃん）が一〇尾ほどですね」

「海風は冷たかったんで。まずは熱燗と、肴は鍋物が食べたいなぁ」

「ハイ。今日は北海道から鮟鱇(あんこう)が入荷したんで、鮟鱇鍋にします。熱燗は純米酒の生(き)一本をどうぞ」

一言居士　登場

生一本とは、名前のとおり混じり気のない純米酒のこと。大きな蔵元はいくつもの製造場を持っていて、同じ純米酒でもブレンドして出荷するんだと。生一本は同じ蔵元でも、一つの製造場だけで造った純米酒に表示できる酒なのじゃ。

「同じ純米酒でも、生一本というだけで真っすぐな安心な味に感じるね。純米酒は燗したほうが、米の香りも強くなり余韻も長く感じられる。お、鮟鱇鍋やね、久々や。ふぅぅ、ふぅぅ」

「鮟鱇を食べると、肌着を一枚多く着たぐらい温まるといわれてます」

一言居士　再登場

鮟鱇は深海魚の一種で、海底の釣り名人の異名を持つんだと。英語ではずばりAngler（釣り人）なのじゃ。この釣り名人は獲物を選ばないことでも有名で、地中海で漁獲した鮟鱇の胃の中からサメが出てきたこともあるそうな。名前の由来は、暗愚魚（あんぐうお）からとか千葉方言のアンゴオ（ひきがえる）に似ているからとも。どっちにしても見た目の悪さが災いしているが、味は絶品である。吊し切りという独特のさばき方で解体していくんだとさ。鮟鱇には『七つの道具』と呼ばれる珍味があって、エラ・ヌノ（卵巣）・水袋（胃）・トモ（尾びれ）・ナギ（はほ肉）・皮・肝（肝臓）の七つのことなんじゃ。


「七つ道具と言うだけあって、いろんな食感と味を楽しめる。魚のエラは捨てるとこやと思てたけど、柔らかくて口の中でとける。それに肝は文句なしに旨い！　大将、熱燗おかわり」

「ハイ。熊さんもいつになったら、鮟鱇のような釣り名人になるんでしょうね」

「アホ、俺は生一本みたいな男やで。鮟鱇のようにみさかいなく、サメまで釣ったりはせんで。剛毅朴訥（ごうきぼくとつ）は仁（じん）に近しと言うやろ」

「ハイハイ。——これがその生一本さんが釣った、ぜんごの姿造りです」

「え、本当に刺身にしたの？」

「ふふふ……」

第十六話　桃太郎のお供はの巻

昔話「桃太郎」が、猿と雉と犬を引き連れて鬼ヶ島に鬼退治に行った話は有名です。では、なぜ猿と雉と犬だったのでしょう。一説では、陰陽道で鬼門は鬼が入ってくると言って忌(い)み嫌う方角が東北の位置で、十二支を円に表すと東北は丑・寅になる。(だから鬼がはいているパンツは黄色に黒の縞が入ってる)そして対称軸にあたる裏鬼門は鬼が出て行く西南の方角で、それが十二支の中に申(さる)にあたり、後に続く酉(とり)と戌(いぬ)をお伴にしたという説です。鬼といえばやはりこの行事でしょう。


「寒いぃ、今日は熱燗に——」

「鬼はぁ外、福はぁ内。あっ」

「な、何をするんや大将。俺は鬼やないで」

「すいません、熊さん。ついつい……」

「そういや今日は節分やったな。でも何で節分に豆まきするんやろ?」

一言居士　登場

節分は二十四節気の立春・立夏・立秋・立冬の前日をすべて節分と呼ぶが、立春は二十四節気の中で

も新年の始まりで、昔は立春が正月だったという説もあり、春の節分は大晦日と同じ意味だった。それで他の節分は忘れられてしまい、平安時代大晦日に宮中で行われていた邪気払いの行事が変形して節分に残ったんだと。豆まきは中国から伝わった「追儺」「鬼遣」という行事が原型なのじゃ。

二十四節気は古代中国で作られた暦なのじゃ。陰暦は月の満ち欠けに合わせてるので、太陽の動きと暦が一致しなかった。それで農作業の豆蒔きなどのために考案された暦なんだとさ。だから現在の太陽暦とほぼ一致してるんじゃ。


「今日は純米生酛を熱燗でどうぞ。肴はほおたれ鰯の刺身とつみれ椀にしました」

「うぅん、寒い時はやっぱり熱燗や。生酛は熱燗にすると搗きたての餅のような香りで、濃醇で余韻が長く感じられる。このほおたれ鰯って、頬がたれ落ちるくらい美味しいから、ほおたれ鰯って言うんやろ」

「そうです。正式名はカタクチ鰯です」

一言居士　再登場
イワシを漢字で書くと鰯とか鰛と書くが、字のとおり弱い魚の代表で海水から取り出すとすぐに死んでしまう。弱い者ほど群れたがるといわれるように、常に大群で泳いでいるそうな。鰯にはマイワシ・カタクチ・ウルメの三種類が食卓でお馴染みだ。ウルメ鰯は眼が透明な膜に被われていて、眼が潤んでいるように見えるからウルメで、カタクチ鰯は下あごが上あごに比べて短く片口に見えるからじゃ。

「鮮度の良い鰯って、見た目にも光ってきれいで、つみれ椀はあっさりして良い出汁がでてる。旨い！」

「鰯を玄関に吊って置くと、その匂いで鬼が入って来ないという風習は、ドラキュラの葫嫌(にんにく)いと同じことですかね。熊さん」

「そういうのは万国共通で、境に入りては俗を問うちゅうことやろ。大将にも苦手なものある？」

「そりゃ、あります。例えば一万円札に五千――」

「アホ！　それ、落語のまんじゅう怖いやないか」

「ばれたか……」

第十七話　亀は逃げ足が早いの巻（如月）

鶴は千年亀は万年、お前百までわしゃ九十九まで、共に白髪の生えるまで。とは昔、月下氷人（げっかひょうじん）の挨拶で聞いた一説です。鶴と亀は長寿の象徴で、昔から縁起物（えんぎもの）で知られています。亀は酒をよく飲むところから、酒呑みの異称にも使われています。やはり酒は百薬の長ということでしょうか。そして昔から日本人が好んで食べてた亀といえば。


「あれ、熊さん、何か元気ないですね」

「うん、齢かなぁ。体がだるいんよ」

「病は気からと言うでしょ。精がつくもん食べて元気ださんと……。ということで今日は鼈（すっぽん）料理にします」

「すっぽんってカメやろ。美味しいの、大将？」

一言居士　登場

鼈は川や沼などに棲むカメの一種なのじゃ。江戸時代頃から滋養があると食されるようになったそうな。現在は高級品で天然物は少なく養殖物が主流で、肉は美味で滋養に富み、血は強精剤とされている。鼈の前足には三つ骨と言って、これは主客に供するのが礼儀とされてるのじゃ。性格は非常に臆病で、噛みついたら雷が鳴るまで離さないといわれてる。そのせいかどうか、逃げ足はとても早いんじゃや。


「まずは生き血の赤ワイン割りやね。——うん。何か効いてきた。それも下の方から」

「ハイハイ。次は刺身と空揚げです」

「うん、美味しいね。味は鶏肉に似てる。言われんかったらすっぽんてわからんね。これはやっぱり日本酒やね」

「ハイ。にごり酒を雪冷えでどうぞ」

一言居士　再登場
にごり酒は醪を搾る際に目の粗いフィルターでこした酒で、その際すり抜けた細かい米の粒子が浮遊しているので、白く濁って見えるのじゃ。生酒タイプのにごり酒は、酵母が生きているので炭酸ガスの発泡性を爽やかに感じる。加熱殺菌したにごり酒は、濃厚で甘味を強く感じるのが特徴なのじゃ。

「これは生タイプのにごり酒やね。——確かに爽やかで後味もしつこくない。いくらでも飲めそうや」

「そろそろ鍋が食べ頃のようです。鼈鍋は別名丸鍋とも言います。これは鼈の甲羅（こうら）が丸いからだそうです」

「すきとおった黄金スープやね——う、旨い！　すっぽんの旨味成分が凝縮されてるね。身はやっぱり鶏肉に似てる。皮はゼラチン質でぷるぷるや。江戸時代に誰もが堂々と食べてた四つ足は、すっぽんぐらいやったろね」

「案外、猪や鹿それと兎も食べてたようです。でも将軍様は正月に鶴の吸物を食べてたそうですが」

「へぇぇ、そうなんや。まさに教典亡祖（きょうてんぼうそ）や。もっと自国の歴史くらい勉強しとこ。でも、鶴はあんまり食べたくないなぁ」

「最後は雑炊をします。数ある鍋の中でも、鼈鍋の雑炊が一番だと思うのですが……」

「お腹もいっぱいになったし、何か元気もわいてきた。おまけに今流行のコラーゲンも吸収して、大将の頭みたいにお肌つるつる、てかてかになった。ほら、さわってみ」

「……」

第十八話　味覚は五味・六味の巻（如月）

老若男女関係なく戦国時代ブームで、歴女（れきじょ）という造語まで生まれてる昨今。戦国乱世を勝ち抜き、最も出世した人物と言えば豊臣秀吉その人でしょう。足軽から出世して、天下を統一し、関白にまでなったのですから。海の世界で誰もが知る出世魚と言えば、この魚では。


「あぁ、腹減った。大将、酒いらんから飯にしてぇ」

「熊さんが酒飲まないとはめずらしい。明日は嵐ですね」

「二日酔いでさっき目が覚めたとこや。朝から何も食べてないんでご飯とお茶にして」

「ハイ。熱っついほうじ茶です。おかずは鰤（ぶり）の幽庵焼（ゆうあんやき）と鰤大根、それに白御飯と鰤荒の清汁（すまし）にします」

「たまには俺の分、大将が飲んで」

「ありがとうございます。遠慮なくいただきます」

一言居士　登場

鰤は縄文時代から食べられてた魚の一つで、誰もが知ってる出世魚じゃな。地域によって多少異なるが、関西以南だとワカナ・ツバス・ハマチ・ブリと呼び名が変わっていく。ブリの由来は脂がのった魚なので「アブラ」が「ブラ」になり、それがなまって「ブリ」になったそうな。また鰤という漢字は、旧暦の師走（十二月）の頃が最も美味しいところから、この字になったのじゃ。


「さすがによう脂がのってる。けど後に残らず美味しい。この幽庵焼きはご飯がススム君や」

「照焼きよりあっさりしてるでしょ。江戸時代に近江の茶人で、北村幽庵という人が創案したんです。柚子の薄輪切りを入れた漬け汁（酒・味醂・醤油）に魚を漬け込み、柚子の香りを含んで焼いたのが幽庵焼きです」

「柚子の香りの余韻が堪まらん。大将、ご飯おかわり！」

「ハイ、どうぞ。こっちもビールのおかわり、いただきます」

「この鰤大根も良え味出てる。ちょっと一味唐辛子かけてもいい？」

「どうぞ。人の味覚にも五味・六味があるそうです」

一言居士　再登場

五味・六味とは大昔から辛・塩・甘・酸・苦の味覚を食味の基として、料理の中でその調和を重んじてきたのじゃな。曹洞宗の開祖道元禅師は、これに淡味を加えて六味を重んじたそうな。淡味とは素材そのものの味で滋味ともいえる。「春は苦味を盛れ、夏は酸味で秋は滋味、冬は甘味をとれ」といわれてるのじゃ。

「旬の素材に五味・六味をうまく合わせて、美味しく体にもやさしい料理ができるということですね」

「昔の人は体のことを大事に考えてたんやな。今是昨非、今日からはもっと体に気をつけよ。大将、ほうじ茶おかわり」

「ハイ、どうぞ。じゃあ、次は日本酒いただきます。熊さん」

「大将、いくら飲んでもええけど、今日あんまり持ってないんで、出世払いにしとって」

「えっ……。ごちそうさま」

第十九話　略語は昔からの巻（弥生）

以前、KY（空気よめない人）なる略語が、若者から大流行しました。長い名称や難しい名称を、短く簡単に略する略語は万国共通だと思うのですが。日本では昔からあったようです。食材の中にもそんな略語が、通称になっている物があります。


「♪お内裏様とお雛様二人並んですまし顔」

「ご機嫌ですね、熊さん。だいぶ出来上がってるみたいですね」

「今日は三月三日、桃の節句やろ。男かてお祝いで飲んでもええやろ。大将」

「そうですね。今日は五節句の一つで上巳（じょうみ）の節句です。それに女々しいは今や男の特権みたいやし」

「ウッ……。それより上巳の節句って？」

一言居士　登場

上巳の節句は、もとは三月最初の巳の日に行なわれていたためこの名になったのじゃ。中国から伝わった行事で、人間を象（かたど）った人形（ひとがた）と呼ぶ紙で体を拭う仕草をし、邪気払いをして川や海に流した。これが流し雛や送り雛に発展したそうな。日本にも平安時代上巳の日に宮中で、流れてくる盃（はい）の酒を飲んだり、詩歌を作ったりする『曲水の宴』の行事が重なり、江戸時代に五節句のひとつとして確立。また中国には菱の実ばかり食べる女仙人がいて、その女仙人にあやかり、娘の長寿を願い菱餅を供えるようになった。また桃は多産の象徴だったので、桃の花を飾るようになったのじゃ。


「まずは白酒をどうぞ」

「もち米と味醂で造った甘い酒やね――あれ、思ったよりすっきりして飲みやすいね。大将」

「ストレートだと熊さんには甘すぎると思って、アルコール度数が同じで日本酒度－（マイナス）の純米酒で割りました」

「日本酒度？」

一言居士　再登場
日本酒度は甘辛を見る目安として用いられるのじゃ。正確には酒の比重のことで、エキス分（大部分が糖分）の多い酒は比重が大きく、少ない酒は比重が小さい。比重の大きい酒を－（マイナス）、小さい酒を＋（プラス）で表示してるのじゃ。

「肴はかるめのものにします。女仙人にあやかって菱餅見立ての真丈をどうぞ」

「見た目は菱餅みたいで、赤白緑ときれいやけど――味はあっさりして、一つ一つの旨味が口の中で融合する。一体、何で作ってるん？」

「エビの赤と烏賊（いか）の白、そして豌豆（えんどう）の緑に淡味をして蒸し、寒天で固めてます」

一言居士　再々登場

寒天は『寒晒心太（かんさらしんた）』の略なのだ。天草（てんぐさ）から作られる心太（ところてん）を寒液に凍結させ、日中溶かして乾燥させた物が寒天になる。冬の凍てつく日に作るから、大変つらい仕事なのだとさ。江戸時代の宿の主人美濃屋太郎左衛門が考案し、黄檗宗（おうばくしゅう）の隠元隆琦（いんげんりゅうき）が命名したそうじゃ。

「略語って昔からあったんやね。それも名のあるお坊様が名付け親とは……。俺も先人の作品を換骨奪胎（かんこつだったい）して、命名しよう」

「ハイハイ」

「あ、信じてないな。所詮、ＨＢの大将には俺の偉大さはわからんのやろ」

「ＨＢって、鉛筆のことですか。熊さん」

「いや、ハゲでぶさ――」

「な、何ぃ！」

「冗談や、お金おいとくね……。さいなら」

第二十話　スタイル抜群の巻（弥生）

最近メタボリック症候群（糖尿病予備群）なる言葉を、よく耳にしますが、現代人は食べ過ぎ運動不足が原因だと思います。とくに中高年の方は下腹が目立つ人も。中にはモデルのように、スタイル抜群の方もたまに見かけます。海の世界にもスタイル抜群の魚が。


「の、咽がかわいた。大将、生ビール」

「大丈夫ですか熊さん？　はいビールです」

「ふぅぅ、落ち着いた。実はメタボ解消のためにジョギング始めたんや」

「それでその恰好ですか。でもよく走れましたね」

「それが五分も走れず、あとはここまで歩いて来たんや……。ビール、おかわり」

「ハイ。確かにビリーが流行った時も買っただけや――」

「そんな昔のことより大将、今日の肴は？」

「えっと、鰆（さわら）の刺身と玉酒焼（たまざけ）きです」

一言居士　登場

鰆の名は狭い（サ）と腹（ハラ）の意味だと『日本釈名』という古書に記されている。成長すると一メートルにもなるが、その胴回りはほっそりとしてスリム。そんなところから狭腰（サゴシ）と呼ぶ地方もあるそうな。春の産卵期には、瀬戸内海の沿岸に大挙して姿を現す鰆は春告げ魚でもあった。漢字で鰆と書くのもそのためなんじゃ。


「鰆の刺身はほどよく脂ものって美味しい。皮目を炙ってるんで食感もあって良え。玉酒焼きは酒と味醂の上品な香りと甘味が鰆にしみ込んで旨い！　でも、なんで玉酒焼きって言うの？」

「江戸時代のあの当時、上水道が完備されてたのは世界でも江戸だけだといわれてます。その江戸の人たちにとって玉川上水は、きれいな水の代名詞やったそうです。そこから水を使った料理に玉を冠するようになったんです。玉酒焼きは水・日本酒・味醂に漬け込んだ魚を焼くので、玉酒焼きなんです」

「へえぇ、なるほどね。この料理には、やっぱり日本酒が合うね」

「ハイ。本醸造の初搾りを雪冷えでどうぞ」

一言居士　再登場
初搾りは晩秋から早春にかけて造られた酒を、一度も火入れせず、搾りたてを瓶詰めした新酒生酒のこと。繊細で味の劣化が早いので、栓を開けたら早めに飲みきるのがお薦めじゃ。最近は二月四日の朝、瓶詰めされた「立春朝搾り」が有名なのじゃ。

「生酒やから口あたりがやわらかいね。深味やコクはあんまりないけど、若々しく清々しい味や」

「少し荒さを感じる若々しさが特徴です。ワインで言えばボジョレヌーボーみたいなもんです」

「確かにそうや。しかし、このまま飽食暖衣の生活をしてると、ますますメタボは進行するなあ。よし、明日からは粗衣粗食の生活でやせるぞぉ」

「ジョギングは五分ぼうずか」

「何か言うた？」

「いえ……」

「大将、今日は俺に当てこすりで、スタイルの良い鰆料理にしたんやないやろね」

「それは熊さんの考えすぎです。玉玉です」

第二十一話　いつの時代もヒーローの巻（弥生）

草食系男子とか肉食系女子といった言葉をよく耳にしますが、女が強くなり男が弱くなったというより、子供たちの生活習慣が変わってきたために生まれた言葉だと思います。昔も今も変わらず、子供の頃憧れたのが勧善懲悪（かんぜんちょうあく）のヒーローではないでしょうか。現代と違いテレビのない江戸時代にも、強い男が人気でブームにもなったようです。そして、その人の名前が料理名になって残っています。


「大将、どお、これ見てくれ」

「あ、ライダーベルトやないですか。懐かしいですね……。あれ、でもその腹でよく入りましたね。熊さん、ちょっと後ろ向いて」

「はい終わり。それより、まず酒や。今日は冷酒がええなあ」

「え、ええ。では吟醸酒を花冷えでどうぞ」

「うぅん、旨い！　柑橘（かんきつ）系の香りで、味もスッキリやね。余韻に吟醸香っていうの？　が広がる感じや。ん、このラベルに書いてる醸造アルコールって何でできてるんやろ？」

一言居士　登場

醸造アルコールはサトウキビの搾り粕を発酵させて、蒸留したものを原料として精製し、アルコール度数を三〇度に調製した液体なのじゃ。醸造アルコールを添加（アル添）することで、香りの成分を引き立たせ、味わいもスッキリして、雑菌の繁殖をふせぎ酒質を安定させる役割があるのじゃ。

「なるほど、それで大吟醸や吟醸酒は香りが強く、味わいスッキリが多いんやな。大将、今日の肴は？」

「金平牛蒡と射込み牛蒡の揚物です」

一言居士　再登場

牛蒡は中国で薬用に使われていたのが古くから日本に入ってきた。鎌倉時代の初めには食用するようになったのだ。根が二メートル以上にも細く深く伸びる東の滝野川牛蒡と、牛蒡自体が大きい西の堀川牛蒡が両横綱じゃな。豊臣秀吉が建てた絢爛豪華な聚楽第は、秀次が切腹して一〇年もたたずに取り壊されたが、その後地の堀に付近の住民がゴミを捨てるようになって、その中に牛蒡の屑が交じっていて牛蒡が育つようになったそうな。その牛蒡を改良して誕生したのが堀川牛蒡なのじゃ。

「射込み牛蒡は中をくり抜いて炊いてるんやね。その中に海老のすり身を詰めて揚げてるんで、表面サクッで牛蒡は柔らかく、すり身の甘味が口の中に広がる感じや。金平牛蒡は逆に牛蒡の歯ごたえを残して、辛子のピリッがよう効いて体が熱くなる。両方とも旨い！」

「金平は昔話で有名な金太郎の子供って、知ってました?」

「え、金平牛蒡の金平って、人の名前やったん?」

「源頼光の四天王といわれた一人が坂田金時(幼名金太郎)で、その子孫の名前が金平なんです。この子が父に似てまた怪力で逸話が多く、江戸時代には金平を主人公にした浄瑠璃が大ブームになったそうです」

「へえぇ、それがどうして料理の名前に?」

「赤唐辛子の入った牛蒡の油炒めは熱量が高く、体がほてって力が漲るところから、怪力の金平と結びついたということです」

「金平は江戸の人たちの古今無双のヒーローで、俺にとって仮面ライダーは完全無欠のヒーローちゅうことやね」

「それにしても熊さん、堀川牛蒡ってゴミの中から誕生したとは。案外、人材もゴミみたいなところから現れたりして……。あっ」

「……うん?」

第二十二話　伯楽は恵比須様の巻（卯月）

花にもいろいろ数あるなれど、桜の花ほど、いろんな意味で日本人を魅了してきた花はないでしょう。江戸時代の吉原遊郭では、花見の頃が近ずくと他の場所から吉原まで、桜の木丸ごと何百本と移動させていたといいます。この時季、素材や料理名に桜を冠するものが多いのですが、その代表といえばこの魚でしょう。


「大将、明日休みやろ。花見弁当四つ作って。いっしょに花見に行こ」

「そう言えば、河川敷の桜も満開ですね」

「酒とお姉ちゃん二人は、俺にまかせて」

「本当ですか？　お花見なんて久しぶりです。お願いします」

「よし、そうときまれば、まずは日本酒で乾杯や」

「ハイ。純米大吟醸を花冷えで」

一言居士　登場

純米大吟醸は原料の酒造好適米を五〇％以下に精米して造った吟醸酒で、醸造アルコールを添加しな

い純米タイプの酒なのじゃ。大吟醸は華やかな甘い香りと軽やかな味わい「香り吟醸」で、純米大吟醸は香りやや控えめで、味わい深い「味吟醸」ということなのじゃ。

「うん、旨い！　スウッと入って、上品な甘味とライラックのような香りや。味わいは大吟醸と違って、甘味と酸味のバランスに苦味も加わり、落ちついた辛口に感じる。味の余韻は大吟醸より長く感じるね。酒呑みはこっちがええかも」

「そうですね。でも酒呑みが飲み過ぎるには贅沢(ぜいたく)です。肴は桜鯛が入ったので、松皮造里(つくり)と兜(かぶと)の酒蒸しにしました」

一言居士　再登場

真鯛は百魚の王とか海魚の王としてもてはやされ、腐っても鯛とまでいわれてる。タイと名のつく魚は二百種以上もいるが、実際タイ科に属するのは一〇種程。タイの語源は「延喜式」に平(ひら)たい魚と記され、平魚が略されてタイとなったんだと。漢字の鯛は、周（あまねく）どこの海にもいる魚からきてるそうな。真鯛が今のように評価を高めたのは、室町時代の七福神信仰のブームからで、恵比須様が抱えている魚ということで脚光を浴びるようになったのじゃ。

「桜鯛の松皮造里は、鯛の皮目に熱湯をかけ、冷水で冷やした皮付きの刺身なんです。その皮目の模様が、松笠に似ているので松笠造里とも言います」

「うぅん、身はプリプリで皮つきなんで歯ごたえあって良えね。兜の酒蒸しは鯛の桜色に菜の花の緑、そして豆富の白と見た目にも春らしい。味は淡味で塩加減が絶妙で鯛の旨味が引き立ってる。良え塩梅（あんばい）や。でも、何で塩と梅で塩梅なん、大将？」

「一つは、昔は調味料がこの二つだけだった説と、中国では一つだけだと強い味の塩と梅（酸味）が、両方を合わせると尖った味がまろやかになるところから、塩梅し合うという二つの説です」

「中国説のほうがそれらしいけど。でも、こんなに美味しい鯛やのに、七福神信仰ブームまでは人気がなかったとは」

「ええ、ヨーロッパや中国では今でも鯛より鯉の方が人気のようです」

「鯛は恵比須様という、伯楽（はくらく）の一顧（いっこ）で今の地位を築いたということか。俺にも伯楽が居ったらなぁ」

「目の前にいるやないですか、熊さん」

「え、どこどこ？」

「……」

第二十三話　旬は一〇日間の巻（卯月）

昔は携帯電話などなく、携帯ゲームなど考えもしなかったですが、そのせいか最近は外で遊ぶ子供らをあまり見かけなくなりました。しかし、そんな中、昔ながらの外での遊びが見直されている、という話も聞きます。例えばべー独楽（ごま）や竹馬それに鬼ごっこなどなどです。大人になると懐かしい遊びばかりですが、そんな遊びに使われている、美味しい食材があります。それが春に旬を迎えるあの素材です。


「ニヤニヤして熊さん、何かあったんですか？」

「ん、わかる？　実は破竹の五連勝や。大将も一緒にビールで祝杯や」

「珍らしいことがありますね。アルマゲドンにならないよう祈っとこ」

「アホ、素直に勝利の美酒を味わって。――うぅん、ビールは一杯目が旨い！　次はやっぱり日本酒や」

「ハイ。純米酒を冷やでどうぞ」

「冷やで飲むと米の香りと味わいが際立って、そのお酒本来の味がようわかる。因みに日本酒造りに使われる米って何が違うんやろ？」

一言居士　登場

日本酒造りに使用される米は酒造好適米と言って、米粒自体が大きく中心部に白い不透明な部分（心白）があるんじゃな。これはデンプン質の塊で、タンパク質・脂質が少なく吸水率が良いという特徴がある。有名な品種は、山田錦や五百万石などなどたくさんあり、全部で九三品種（平成二十一年）もあるのじゃ。

「ふだん食べてるコシヒカリや秋田（あきた）こまちとは違うんやね。ところで大将、今日の肴は？」
「新物の若竹煮と、筍の木の芽田楽です」
「初もんや。東向いて笑っとこ。ハハハ……」

一言居士　再登場

筍で最も一般的な孟宗竹は、一七二八年宇治の黄檗山（おうばくさん）万福寺の管長が中国から持ち帰り、海印寺の院主がもらいうけて寺領に植えたのが最初だと『京都山林誌』に記されとるそうな。ところが薩摩では、一七三六年に藩主島津吉貴が琉球から移植したのが最初だと、意見が分かれているのじゃ。筍という字は、タケノコの成長の早さが一旬（一〇日間）で竹になるからなのじゃ。

「若竹煮は新物同士で香りが良えね。まさに春そのものを食すや。木の芽田楽は、木の芽味噌と筍の相性がバッチリやね。でも、何で田楽って言うの？」

「田楽はもともと芋や蒟蒻などに味噌を塗って焼き、おでんのように串を刺して食べてたんですが、その串に刺した様子が昔、祭りの時などに曲芸をする田楽法師の姿に似てたからだそうです」

「その田楽法師って、どんな曲芸してたん？」

「高足という一本の長い棒を、竹馬のようにしてピョンピョン飛び跳ねてたと聞いてます」

「竹馬か……。懐かしいね、小さい頃はこれでも竹馬名人やったんやけど」

「熊さん、今でも乗れますか？　その体で」

「た、たぶん……。それよりこの筍柔らかいねぇ」

「それは雌筍やからです。雌筍は先が曲がって丸みを帯びた方錐形で、根元まで柔らかく、逆に雄筍は先が尖った三角錐で、雌筍より固いんです」

「俺のセガレも昔は雄筍やったのになあ……」

「熊さんもですか。俺だけやなかったんですね……」

「同病相憐れむやねえ」

第二十四話　美人は腹黒？　の巻（卯月）

齢を重ねてくるとシワも増え、肌のハリも失われてきますが「四〇過ぎたら男は自分の顔に責任がある」とリンカーン大統領が言ってます。生き方や精神的なものが顔に現れるということでしょう。きれいなバラには棘があるで、見る目も磨かなければ。海の世界にも、きれいなバラといわれてる魚が。


「あれ、元気ないですね。熊さん」

「聞いてくれ大将。昼間街歩いてたら、突然若いきれいな娘に声かけられて、カフェでお茶したんや」

「逆ナンパですか。羨(うら)やましい」

「それが、その娘の身の上話になって聞いてると、かわいそうでかわいそうで、ついなけなしの一万円渡したんやけど……」

「それでその娘は」

「トイレ行く言うたまま、居らんなった」

「それ、新手のオレオレ詐欺ですね。まあ、気分直しに伏見(ふしみ)の純米酒を花冷えでどうぞ」

一言居士　登場

仕込み水にはミネラル（カルシウム・リン・カリウム）の多い水「硬水」で仕込んだ酒と、ミネラルの少ない水「軟水」で仕込んだ酒があるのじゃ。硬水で仕込んだ酒は、酵母の活動が活発で発酵が旺盛。そのため酸味のある濃醇で骨太な辛口になる。これを「男酒」と呼ぶのだとさ。逆に軟水で仕込むと、発酵がおだやかに進み酸味の少ないソフトで甘口の酒になる。こちらを「女酒」と呼んでるのじゃ。

「この酒は女酒やね。飲み口がソフトでやさしい甘味がある。何か今日の俺には心にしみるね」
「肴は細魚(さより)の藤造里と梅香揚をどうぞ」
「この刺身の盛りつけは藤の花みたいにきれいや。味は淡白であっさりしてる。梅香揚は、梅肉を細魚にぬって巻いたのを天婦羅にしてるんやね。さっぱりして後から梅の香りが広がって美味しいな。この女酒によう合ってる」

一言居士　再登場
サヨリは細長い体と突き出た下アゴが特徴だが、この下アゴは生まれて間もない頃には突き出ていない。成長とともに伸びるんじゃな。見た目は銀色に煌(きら)めき、下アゴの先端はほんのりと口紅を差(さ)したようで、美しい女性を連想させる。でも腹の中の粘膜が黒いので、意地悪な人や何を考えているのかわからない人のことを「サヨリ」と呼んでいたのさ。名前の由来はたくさん集まっている魚という意味から

なのじゃ。

「巧言令色少なし仁。とはよく言ったもんや。あの娘の名前もサヨリやったんかなぁ……」

「熊さん、いつまでもくよくよせず、いいオッサンがきれいな若い娘とお茶したと思ったら、安い授業料ですよ」

「そうやなあ、こんなオッサンと……。って、おい！　誰がオッサンや、大将！」

「……」

第二十五話　いつの時代も女は強しの巻

江戸時代には現代では考えられない、変わった商売がありました。例えば「ゴミ取り」「馬糞拾い」「灰買い」「瀬戸物焼き接ぎ」などなど数えるときりがないほどあります。とにかく直しては使い、簡単に捨てたりはしなかったのです。そんな中に「すき髪屋」という商売があります。専門業者が髪をすいた時に抜ける髪の毛を集めて、かもじ（添え毛や足し毛）にしたそうです。またわけあって仏門に帰依（きえ）し、尼寺に入った女性は剃髪するでしょうから、その髪の毛でかつらも作られたに違いありません。そんな尼寺から生まれたあまい和菓子の材料が。


「大将、遅いけど大丈夫？」

「いらっしゃい熊さん、どうぞ」

「これ、おみやげの桜餅。少し飲んできてるんで、何か軽いもんを」

「それなら低アルコールの純米発泡酒と、山独活（うど）の大原木黄身酢（おはらぎきみず）がけをどうぞ。後で桜餅も一緒に食べましょう」

一言居士　登場

独活はウドの大木といわれるように、茎は大きいが柔らかいのじゃ。皮をむくと鮮やかな純白で、シャキシャキした舌触りが堪まらんねぇ。日本原産のウコギ科の多年草で、昔は脚気（かっけ）や中風・眼病などの薬として用いられ、根は生薬として今でも発汗・解熱剤として用いられとるそうな。地下の室（むろ）で日光を当てずに栽培した真っ白な軟白独活と、茎に盛り土をして半分だけ白く育てる緑化独活（山独活）の二種類があるのじゃ。

「この酒、シャンパンみたいで飲みやすい。独活のあっさり酢物によう合ってる。でも、何で大原木？」

「昔、京都の大原で薪を束ねて頭の上に載せて、売りに歩いてた女性を大原女（おおはらめ）と呼んでいました。そこから、束ねた薪を大原木と呼びます」

「独活を大原木に見立ててるいうことか。ところで大将、桜餅って関東は生地を薄焼きにして餡（あん）こを包み、桜の葉で巻くけど、関西は道明寺粉を蒸して餡こを包み、桜の葉を巻いてるやろ。所変われば面白いよねぇ……」

一言居士　再登場

桜餅は関東風と関西風があって、関東風は江戸向島の長命寺の門番、山本新六が桜の落ち葉を掃除している時に思いつき、売り出したのが始まりなんだと。関西風は大阪藤井寺にある尼寺、道明寺の尼僧が糯（もち）米を蒸してそれを干して糒（ほしいい）という保存の効くものを作った。それが人々に広まり、糒を使って桜餅を作るようになったそうな。それで糒のことを道明寺粉と呼ぶのじゃ。

「大原女と言い道明寺の尼僧と言い、女性のパワーと知恵にはいつの時代も感服するね」

「本当、女は強しです。それにしてもこの桜餅、桜の葉の塩味と餡この甘味のバランスが最高ですね」

「ん、もしかして道明寺の尼僧の中には、前世の俺にやむにやまれぬ事情ですてられ、帰依した人がいるかも。いつの時代も罪つくりやね。俺って」

「誇大妄想もここまでくるとは……」

第二十六話　屋根より低いの巻（皐月）

女の子の節句が三月三日なら五月五日は男の子の節句です。昔と比べ最近は住宅事情も関係し、見上げるような大きな鯉のぼりは少なく、ベランダなどに小さな鯉のぼりをよく見かけます。男の子も鯉のぼりのように、スケールが小さくなっては困るのですが。


「♪屋根より低い鯉のぼりってか」

「今日はえらく早いですね、熊さん」

「ゴールデンウィークで、どこへ行っても人いきれで疲れるだけやろ。こんな日はすいてる大将の店で、酒飲むほうがゆっくりできると思って。と、言うことで生ビールを」

「いっつもひまですいませんねぇ。はい生ビールどうぞ。肴は端午（たんご）の節句なので鯉（こい）の洗いと鯉こくにしました」

一言居士　登場

古代中国では五月を「無月」として不吉な月とされてた。中でも五日はもっとも災難にあいやすい悪日とされ、厄払いの行事を行ったのが端午の節句の原形なのじゃ。この日によく食べる粽（ちまき）は、楚の国の屈原（楚辞文字を大成した）というえらい人が、上官に妬まれ左遷させられた。そのことに悲観した屈原は、河に身を投げ入水自殺したのが五月五日だった。その死を悼んだ人々が竹筒に米を詰めて河に投げ入れたのが、粽の原形といわれとるそうな。日本では魔除けの力があると信じられていた菖蒲を身につけたり、菖蒲酒を飲み、菖蒲湯に入ったりした。また菖蒲と尚武（軍事を重んじる）は同韻で、武家にふさわしいと考えられ、いつの間にか男子の節句となったのじゃ。

「鯉は初めて食べるけど、洗いは臭みもなく酢味噌が鯉の旨味を引き立ててる。鯉こくは鯉のエキスが濃縮された味噌出汁が旨い！　身もほっこりして、後味に山椒の実がかくし味に効いて、ピリッとしてええね。これは日本酒が欲しくなる」

一言居士　再登場

鯉の平均寿命は三〇年と非常に長いのじゃ。そのため昔から祝い事にはかかせないのが、尻ビレは「子とどめのヒレ」と呼ばれて、結婚の祝儀と妊婦の着帯式には使用しないのが常識。魚偏に里と書くのはきちんと区画整備された里のようにウロコが整然と並んでいるからなんだと。江戸時代に鯉の滝登りにかけて、鯉のぼりが作られたそうな。男の子がいる家では、男の子の出世を願って端午の節句の頃立てられるようになったのじゃ。

「菖蒲酒を男酒で有名な灘の本醸造で作ってみたので、冷やでどうぞ」

「菖蒲の香りが強いけど、それに負けんぐらい濃醇で力強い酒や。旨い！　鯉も食べたし菖蒲酒も飲んで、大器晩成の俺としてはそろそろ大出世かな？」

「熊さんは鯉のウロコみたいに理路整然とではなく、支離滅裂なところがありますからねえ」

「大将はまだまだ見る目がないなあ。人間小っちゃなことにこだわってると、大きなことができんのや。まあ、小っちゃな大将にはわからんかもしれんけど」

「ええ、どうせ僕は人間が小っちゃいですよぉ」

「おいおい、屈原みたいにいじけて身投げしたらアカンで。皆の迷惑やし」

「え、めいわ……」

第二十七話　土佐人はいごっそうの巻（皐月）

鳥の囀（さえずり）も賑やかに山々が緑に色づくこの時季、初夏を思わせる空の青さも目にまぶしく映ります。そこで連想する句が「目には青葉山ほととぎす初鰹（かつお）」です。昔から初物と言ってすぐに思いつくのがこの魚では。


「大将、新玉葱もらったんで使（つこ）うて」

「グッドタイミングです。今日は熊さんの大好きな鰹です」

「初鰹かぁ、それなら最初（はな）から日本酒やね」

「ハイ。高知の本醸造を涼冷えでどうぞ」

「うん、スウッと入るけど、腹の中から濃醇な辛口の力強さが広がる。旨い！　気候も水も造り手も違う各地の地酒めぐりも面白そうやなぁ……。ところで日本酒造りってどんなんやろ？」

一言居士　登場
酒造りは寒仕込みといって十一月頃から三月頃までの間で仕込むのじゃ。収穫した酒造好適米を精米（日本酒の種別によって精米歩合は異なる）それから洗米・浸漬の作業を行い、蒸して米麹造り（製麹）を行う。何日もかけ米麹ができると酒母造りを行う。二週間から一カ月かけ出来上がった酒母に米麹・蒸米を投入し、三回に分けて仕込む（三段仕込み）。ここまでの作業を何度も同時並行して行う（並行複発酵）。そうして三〇日くらいかけて発酵した醪を搾り（上槽）、濾過してはじめて新酒になるのだとさ。その後火入れ・貯蔵・割水・びん詰めされ出荷となるのじゃ。


「何か大変そうやねぇ。大将、鰹まだ？　まずはたたきやろ」

「お待たせしました。鰹のたたきとなめろうです」

「うん、これこれ。新玉葱の甘味が鰹の旨味を引き立ててる、堪まらん。このなめろうは千葉あたりの漁師料理で、鯵で作る料理やろ」

「そうです。骨に付いている身を刮いで、味噌と薬味と調味料を合わせ、包丁でよく叩いた料理です」

「酒呑みにはこれだけで飲めるね」

「名前の由来が、皿までなめるくらい美味しいので、なめろうと言います」

一言居士　再登場

大昔は鰹は生食せず干して堅くしてから食べたので堅魚。それが縮められてカツオと呼ばれるようになった。初物好きな日本人だが、江戸っ子は「俎に小判一枚初鰹」とか「女房を質に入れても初鰹」と詠まれたくらい初鰹に執着してたのじゃ。文化九年（一八一二）旧三月二五日に揚がった十七本の鰹の内、六本が将軍家で三本を高級料亭八百善が買い、残りの内の一本を歌舞伎役者中村歌衛門が三両（約四五万円）で買った記録が残っているんじゃ。

「戻り鰹も美味しいけど、初鰹は格別や。このたたきを考えた人はノーベル賞にあたいする」

「昔土佐藩で食中毒が流行した時、藩主が生食を禁じる藩令を出したそうです。でも庶民の間で表面だけ炙って生ではないと、禁を逃れるために考え出されたのがたたきです」

「さすが、土佐のいごっそう。まさに漱石枕流（そうせきちんりゅう）や」

「それにしても鰹一本四五万円とは、江戸っ子の見栄と粋には感服します」

「本当、羨ましいかぎりや。今の時代だと『女房は亭主仕事で初鰹』かな」

「うまい！　座布団一枚」

第二十八話　ハワイと呼ぶ部屋の巻（水無月）

八代将軍吉宗はアラブからサラブレッドを輸入し、日本で繁殖させようとして失敗に終わったそうです。今や馬を飼っている家はないと思いますが、昔は武士にとってもお百姓にしても重要な切っても切れない関係でした。そんな馬に関するものが、海の世界の名称になっているとは。


「またじめじめした夏がやって来るね、大将。とりあえず生ビール」

「ハイどうぞ。年々暑くなる気がします」

「温暖化っちゅうことかな。ところで今日の肴は？」

「煽烏賊（あおりいか）の刺身と天婦羅、それに分葱（わけぎ）と烏賊の饅（ぬた）和えです」

一言居士　登場

煽烏賊はずんぐりした外套膜＝胴体で、そのつけ根から先端まで側面に沿って、丸みを帯びた大きなヒレがある。名前の由来はヒレを煽って泳ぐからともいわれとるが、実は昔武将が馬の鞍（くら）に敷いていた楕円（だ）形の敷物をアオリと言って、その形が煽烏賊に似ていたのが本当の由来らしい。地域によっては、モイカやミズイカ、バショウイカとも呼ばれているのじゃ。

「煽烏賊の刺身は、これくらい厚めに切ったほうが、歯ごたえと旨味も強く感じられる。天婦羅にすると身は柔らかく、甘味も増して美味しい」

「そろそろ日本酒でしょ、熊さん。今日は純米吟醸を雪冷えでどうぞ」

「以心伝心（いしんでんしん）やね、大将。うん？　このラベルに書いてある米こうじって、仕込みの最初に造るんやったよね」

一言居士　再登場

米麹造りは製麹（せいぎく）と呼ばれる工程で、まず蒸し上げた酒造好適米を三〇度に冷ましてから、もやし（麹菌の胞子）を振りかけ、よく混ぜ合わせる。それを布で包み麹室（こうじむろ）（室温三〇度・湿度七〇％）と呼ばれる部屋に運び、床の上に広げてまたもやしを均等に振りかけ、混ぜ合わせる。常に温度調整を行い、切り返しという作業をくり返して約五〇時間かけて出来上がるのだと。仕込む酒の量に合わせ、この作業を何度もくり返すのじゃ。


「いくら真冬でも、三〇度の部屋での重労働は暑いやろなぁ」

「蔵人の間では、麹室のことをハワイと呼んでるとか、呼んでないとか」

「ビキニのお姉ちゃんのポスターとか、貼ってたりして」

「……」

「この饅和え、よう芥子が効いてガツンとくる。それに分葱の舌触りと烏賊の食感が良えね。確か鉄砲和えとも言うのやろ。大将」

「よく知ってますね、熊さん。芥子のガツンとくる辛さが、鉄砲に撃たれたみたいだという説と、分葱の芯がツルンと抜け出るさまが、鉄砲から玉が飛び出すみたいだからの二つの説があります」

「どっちもそれらしい。じゃあ饅和えの語源は？」

「味噌のどろりとした見た目が、沼田を連想させるところから沼田が縮まって、沼田和えとなったようです」

「あぁ、俺もこの泥沼のような酒浸りの生活してると、曠日弥久になりかねん。何とか分葱の芯みたいにツルンと抜け出せんかなあ……」

「無理無理」

第二十九話　なすびは高かったの巻（水無月）

「初夢や一富士二鷹三なすび」は、初夢に見ると縁起が良いと謳（うた）われたものです。当時駿河（するが）では富士山・愛鷹（あしたか）山・なすびを三高と言い、これは家康が三保の松原に遠乗りをした時に、茄子を見つけて値を聞いたところ非常に高かった故事からなのだとか。最近はこの茄子、小学生の嫌いな食べ物ベスト三に入っていると聞きました。


「大将、これ見てくれ。どう似合ってる?」

「熊さん、その服……」

「今流行の量販店のチラシ見て行ったら、安いのなんのって。ついつい買っちゃった」

「いくら安くても熊さんには派手す――」

「それより生ビールや。今日はチラシの効果か、人いきれに酔った」

「ハイ、酔いざましの生ビールどうぞ。肴は茄子が穫れたんで、長茄子の塩もみと丸茄子の田楽、それに卵形茄子の田舎煮をどうぞ」

「三種類の茄子を使った料理とは、面白い趣向やね。どれどれ」

一言居士　登場

茄子の原産地はインド東部なのじゃ。日本へは奈良時代に中国から伝わったそうな。茄子の意味は「為す」で、実がよくなるという意味と、夏穫れる実でナツミ、これが訛(なま)ってナスビとなった。今でもナスビと呼ぶが、それがいつの間にか短くナスと呼ばれるのが普通になったという二つの説があるそうな。茄子は九四%が水分なので、体温を下げてくれる効果があるのじゃ。


「塩もみは茄子の歯ごたえと塩加減の塩梅が良え。田楽は揚げた茄子に田楽味噌の相性の良さ。田舎煮は甘辛く味つけて柔らかい。それぞれの茄子の特性をいかして旨い！」

「秋茄子も美味しいのですが、やっぱり旬の夏がいいでしょ」

「本当やね。こうなると日本酒が欲しい」

「ハイ。純米酒を花冷えでどうぞ」

「純米と名のつく酒は、米と米麹と水だけで造るんやったな。ということは、ハワイと呼ばれる室で造られる米麹の役割も大きいんやろなぁ」

一言居士　再登場

昔から酒造りの基本は『一麹二酛(もと)三造り』といわれている。米麹は酵素の力で米のデンプンをブドウ糖に分解する。一麹といわれるゆえんは、二の酒母造りにも三の仕込みの時もすべて米麹が必要不可欠であるからなのじゃ。造る日本酒の酒質に応じて、造る米麹も変えるそうな。淡麗スッキリ系だと、米粒の表面よりも中心部に菌糸が伸びた「突き破精型」で、濃厚な味わい系なら米全体に菌糸が破精込んでいる「総破精型」の米麹を造るのだとさ。言うは易しなんじゃが……。

「米麹は造る作業の大変さだけでなく、酒造り全般に必要なものなんやねえ」

「今のご時世、いい物造っても手間ひまかけた本物をわかる人が少なくなってきました」

「伝統や技術の継承は大事だし、時代に合わせた換骨奪胎も必要やけど……。しかし、安けりゃ何でもいいっていうのは考えもんや！」

「本当、安いからって似合いもせん服を買う人に聞かせたいですよね」

「うーん……。馬子にも衣裳、大将着る？」

第三十話 蓼食う虫も好き好きの巻（水無月）

日本人の美意識の中の一つに儚さがあると思います。そこには四季や自然や旬といった、その時その一瞬にしか感じられない一期一会。生命には限りがあり、未来永劫続かないからこそ、そこに侘び寂びという心に繋がるのでは。魚の中にも何十年生きるものもいれば、一年だけの儚い一生の魚も。


「とうとう梅雨入りやで、大将。じめじめとうっとうしい時季が来たな」

「本当ですね、熊さん。商売してると雨は天敵みたいなもんです」

「こんな日は最初から日本酒にしよ。冷やで」

「ハイ。純米酒の生酛造りをどうぞ」

「昔ながらの造りで、手間ひまかけた酒やね。生酛の酛って、一麹二酛の酛と同じ字やね」

一言居士　登場

酛とは酒母のことを言うのじゃ。二酛とはつまり酒母造りで雑菌・微生物を淘汰しながら、優良酵母だけを増やす工程なのだが、そのためには乳酸が欠かせない。酒母造りにはいくつか方法があり、現在主流の「速醸酛」という方法は、仕込み水に市販の乳酸を添加し、米麹、酵母（菌類）、蒸米の順に加え、櫂入れや暖気の作業を行い、約二週間で出来上がるそうな。速醸酛の酒は淡麗タイプになりやすいのじゃ。「生酛」や「山廃酛」のような昔ながらの方法は、自ら持つ自然の乳酸菌を導きだし酵母を培養するため、約一カ月もかけて出来上がるのじゃ。

「濃醇なこの酷、これぞ生酛造りやね。そう言えば、鮎漁解禁て今日やろ、大将」
「ええ、さすが熊さん、飛耳長目ですね。今日の肴は鮎の背越しと塩焼きを、蓼酢で食べて下さい」

一言居士　再登場

鮎はその優美な姿、香気の良い淡白な味から「川魚の王」と呼ばれているのじゃ。我が国最初の百科事典「和名抄」には、「春生じ夏長じ秋衰え冬死す故に年魚と名付く」と記されてるそうな。また天皇の即位儀礼に用いる萬歳旗には鮎がデザインされている。それは神武天皇が大和を統一する前、夢で天香久山の社の土で平甍（平たい皿）を作り、飴と酒を盛り丹生川に沈めると魚が酔って槙の葉に浮くと、大和統一が叶うというお告げを見た。その通り行うとお告げ通りになった。この時浮いた魚が鮎だったんだと。この故事から魚偏に占うという字になったのじゃ。

「うん、やっぱり鮎は天然に限る。この香り、香魚とはまさに然りや。この蓼酢で食べるので余計引き立つんやろうな」

「蓼酢に使ってる鮎蓼は『蓼食う虫も好き好き』のあの蓼です」

「ふぅん、夏の暑い頃にはくせの強い蓼が体の毒消しにもなるんやろな。それにしても、鮎の一生って滄海の一粟やなぁ……」

「熊さん、天然の生の鮎って、西瓜の香りがするって知ってました？」

「うん、聞いたことがある。じゃあ、このおやじ二人はどんなニオイがするんやろ？」

「どこかに蓼食う虫もいるはず……」

第三十一話　文字遊びでご馳走の巻（文月）

昔から金・銀・銅と言えば、貨幣に使われた高価な金属です。今では考えられませんが、昔は三つとも日本で採れました。江戸時代には大坂は銀、江戸では金が通貨として一般的でした。銀行という呼称もその名残りです。また白さの形容詞にも銀が使われています。例えば銀世界や銀しゃりなどです。日本人にとって純白は銀にも等しい価値があったのでしょう。食材にも江戸の三白といわれたものがあります。その一つが。


「ひっ、へっくしょん。梅雨寒ちゅうやつかな」

「熊さんのことやから、酔っぱらって臍出して寝てたんでしょう」

「アホ。大将と一緒にせんといてくれ。でも、今日は温ったかい肴がええな」

「それなら、豆富の雉子焼きと湯豆富にします」

「雉焼きって、あの野鳥の雉子？」

一言居士　登場

雉子焼きは精進料理に使われた名称で、豆富に塩をかけて焼いた料理なんじゃ。そして食べる直前に、熱々の酒をかけて食べるのじゃ。酒好きには堪まらんのう。古くは鳥と言えば雉子を指し、また雉子は最高のご馳走でもあった。生き物を使わない質素な精進料理に、酒落っ気の多い江戸っ子がつけた文字遊びといえるかのう。

「あっ熱い。味つけは塩だけやのに、かえって後から大豆の甘味が広がる。熱々の酒と豆腐の旨味が合わさって、体の芯から温ったまる。この雉子焼きにかけてる酒を熱燗で頂戴。大将」

「ハイ。純米山廃造りです。どうぞ」

「酒母造りの山廃酛やね。確か、酒母造りは米麹と酵母と蒸米を順に加えていくけど、その中の酵母って何のことやろ」

一言居士　再登場

酒母造りに不可欠な酵母とは微生物のことなのじゃ。清酒酵母は糖分をアルコールと炭酸ガスに分解する働きがある。昔は蔵に棲みついた蔵つき酵母を利用してたが、現在は日本醸造協会から、優良な協会酵母が発売されてるのだとさ。酵母にもいろいろ性質があって、酒質に合った酵母を使用するのじゃ。

「なるほど、美味しい酒は人間の努力だけでなく、自然界の力も合わさってできてるんや」

「お待たせしました、湯豆富です。土鍋の中の湯呑みに入っている割醤油につけてどうぞ」

「ふぅ、ふぅ。あっ熱っついけど生姜が効いて旨い！　真冬の湯豆富も良えけど、梅雨寒の湯豆富もおつやね」

「江戸中期以降の庶民の食卓に欠かせなかったのが、米と大根と豆富だったそうで、この三つを江戸の三白（さんぱく）と呼びました。天明二年（一七八二）に、大坂で発売され、江戸でも大ヒットした『豆腐百珍』という本には、百種類もの調理法が紹介されてるそうで、おまけに翌年には続編が刊行されたそうです」

「豆腐料理だけで百種類とは驚きや。豆富は体にも良えし何より安い。温故知新（おんこちしん）で明日から豆富料理だけにしよ」

「そしたら、かなり食費代節約できますね」

「本当や。その浮いたお金で、豆富のような真っ白な肌の……。ウフッ」

「……」

第三十二話　年に一度のラブストーリーの巻（文月）

日進月歩(にっしんげっぽ)とはよく言ったもので、現代社会はどんどんデジタル化・コンピューター化しています。便利になって時間にゆとりができたはずなのに、時間に追われている人や殺伐とした嫌な事件も増えています。何をするにも手作業の昔の人は、忙しいさなかに、七夕の節句に銀河系の星々を天の河に見立てて、一年に一度のラブストーリーを夢見るゆとりがあったことに、今こそ見習わなければ。

「今日って七夕さんやね。大将は何をお願いした？」
「そりゃ、商売繁昌です。熊さんは何て書いたんですか？」
「う、うん。いろいろ……」

一言居士　登場

五節句の一つ七夕は中国から伝わった『乞巧奠(きっこうでん)』を元とする行事なのじゃ。日本には奈良時代に伝わり、平安時代には貴族の間で行われてたそうな。元は女性の裁縫の上達を祈る行事だったが、そのうち技芸の上達を願うようになった。古来日本では男女が白い布を隔てて座り、歌を詠み交わす「棚機津女(たなばたつめ)」という行事があった。それらの行事が時を経て、ひこ星とおり姫のラブストーリーに発展したそうな。笹の葉に願い事を飾りつけるようになったのは江戸時代なのじゃ。

「今日はちょと趣向をこらして、竹筒に樽酒を入れて竹筒ごと冷やしました。ぐい呑みも竹で作ったのでこれで飲んで下さい」

「これは七夕らしい良え趣向やね。こうして飲むと、竹の香りが広がって美味しいね」

「ありがとうございます。今日の肴は鱧(はも)ちり(落(おと)し=湯引き)と鱧素麺(そうめん)にしました」

「梅雨の水をくぐった鱧は、一段と美味しいらしいね。どれどれ」

一言居士　再登場

鱧の体形は鰻や穴子同様に細長く、大きいものは体長二メートルにもなる。しかし美味なのは体長七〇~八〇センチくらいのものなのじゃ。ヌルヌルとしてウロコのない魚で、身は白身で淡白。名前の由来は古語の「食(は)む」「咬(か)む」から来ていて、鋭い犬歯状の歯で獰猛(どうもう)である。漢字で鱧と書くのは、味も調理法も豊富な魚からきてるそうな。ただ体じゅう細かい骨があるので、骨切りという高度な技術が必要。名人は「一寸(約三センチ)を二十四に包丁する」といわれてるのじゃ。

「東夷(あずまえびす)には悪いけど、鱧を食べると夏が来たと実感するね。鱧ちりはこの梅肉酢で食べるとさっぱりして涼味を感じる。鱧素麺は鱧の身を擂(す)りつぶして素麺にしてるんやね。鱧の風味があって喉ごしが良えね」

「昔から七夕に素麺を食べると、無病息災に過ごせるといわれています」

「へぇえ、そうなんや。それにしても鱧の骨切りって、一朝一夕にはできんのやろな。因みに大将は一寸にどれくらい包丁できる？」

「二十四なんて、とてもとても。あ、そうや、七夕の願い事に書いとこ」

「今頃、ひこ星とおり姫は再会してる頃かな。何してるんやろ」

「熊さんが言うと、変な意味に聞こえますね」

「アホ。俺も一年に一度のラブストーリー、してみたいなあ」

「毎年雨で会えんかったりして」

「……」

第三十三話　長持ちもエコの巻（文月）

世界の人口が六〇億を超え、第三国と呼ばれるロシアや中国が急激な経済発展をとげるかたわら、オゾン層は破壊され、人間が生み出すゴミの山で自然環境は汚染されています。そんな時代のせいか、エコやリユースといった言葉をよく耳にします。本来日本人は物を大切にし、エコ生活を実践していました。食材の中にも長期保存の効くエコ野菜が。


「漸く梅雨が明けたと思ったら、この暑さや。堪まらんな、大将」

「本当、電気代も大変です。何にします？　熊さん」

「昼間、お茶飲み過ぎて水腹気味や。ビールはやめて日本酒にして」

「ハイ。吟醸酒を花冷えでどうぞ。肴は冬瓜の蜜煮と冬瓜饅頭の餡かけです」

一言居士　登場
冬瓜の旬は夏。なのに冬の瓜と書くのは、貯蔵が効き、冬になっても食することができるからなのじゃ。原産は熱帯アジアで、日本には弥生時代に渡来し、平安時代にはカモウリと呼ばれてたそうな。カモは毛氈（毛織の敷物）の和名で、冬瓜は完熟する前の若い時、外皮にうぶ毛が密生して毛氈みたいなのでカモウリと呼ばれてたのじゃ。

「冬瓜の蜜煮は冷たくて、見た目にも青みが鮮やかで涼しげやね。この甘味が夏の暑さにもやさしく感じる。冬瓜饅頭は肉団子を冬瓜で包み、これに熱々の銀餡をかけてるんやね。かくし味の黒胡椒がピリッと効いて旨い！」

「饅頭を最初に考案したのは、三国志の諸葛孔明って知ってました？　南の諸国を平定後、凱旋途中の村で河の祟りを祓うために、毎年三人の子供が人身御供にされるのを見た孔明は、子供の代わりに麺に肉を混和して人の頭の形のように丸くして、供え物にさせたのが饅頭の原形といわれてるんです」

「それで饅頭のじゅうは、頭なんや。この冬瓜饅頭は仕込みが大変そうや。日本酒の仕込みも大変なんやろな」

一言居士　再登場

酒母が出来上がると仕込みに入る。酒母に水と蒸米と米麹を三回に分けて仕込む。これを三段仕込みと言う。最初に酒母造りに使った二倍の量の蒸米と米麹を投入、これを「初添」。次の日に初添の二倍の量の蒸米と米麹を投入、これを「仲添」。三日目に仲添の一・五倍の量の蒸米と米麹を投入、これを「留添」。留添を仕込んだ日から発酵が始まり、二週間から五〇日かけて醪になるのだとさ。この間、タンクの温度管理がとても大変なのじゃ。

「米麹造りや酒母造りだけでも大変な作業やのに、それを三回に分けて倍々仕込んでいくとは、日本酒って贅沢な酒なんやな。もったいない、零(こぼ)さんようにしよ」

「本当ですね。でも倍々つぎ込む熊さんのギャンブルも贅沢ですよね」

「アホ、それは大将の揣摩臆測(しまおくそく)というもんや。それよりも、毎日倍々抜けてる大将の髪の毛の方がよっぽど日本酒みたいや。名づけて、三段ハゲってどお？」

「……」

第三十四話　夏バテ防止は神秘な魚の巻（葉月）

落語に「寝床（ねどこ）」という咄（はなし）があります。大店（おおだな）の主人が義太夫に凝っているがひどい悪声で、聞いた人は体の調子が悪くなるほど下手糞（へたくそ）で、それでも主人は人に聞かせたくて仕方がない。そこで無理やり人を集めて聞かせるわけですが、皆卒倒してしまいます。ところが最後の泣かせどころで、唯ひとり小僧がワンワン泣き出すので、喜んだ主人はどの部分がそんなに悲しいのかと問うと、主人の座っている場所を指さし、そこは私の寝床です、というサゲの落語です。寝床で思い出したのですが、間口が狭く奥が広い家のことをうなぎの寝床と言います。


「大将、注文しとったうな重できてる？　おぉ、忙しそうやね。ひまやから手伝うで」

「すみません、助かります。熊さん」

「さすが、土ようの丑の日や。でも何で土曜日でもないのに土ようなん？」

「二十四節季の立春、立夏、立秋、立冬の前十八日間を『土用』と言います。だから本当は季節ごとに土用があるんですょ」

「ふぅん、じゃあ今日の土用は立秋の前の夏の土用やね。十八日間もあるから、丑の日が二回の時もあるというわけや」

「そういうことです。助かりました。ちょうど熊さんのうな重も焼き上がったので、あらばしりを雪冷で一緒にどうぞ」

「うん、やっぱり焼きたては旨い！　天然とまではいわんけど、鰻は国産に限る。この柔らかさとほど良い脂。堪まらん」

一言居士　登場

鰻は少しでも水があれば、細流といわず湿原といわず遡(さかのぼ)っていくのじゃと。時には垂直な崖さえ登るので、山奥の池にいてもおかしくない。また昔から生態が謎に包まれてる魚で、ヨーロッパでは泥の中から自然発生するとか、水中に落ちた馬の毛が変身したと思われていた。日本でも一〇世紀の文献に、水草や植物の蔓(つる)が変化した魚だと記されてるそうな。魚偏に曼（蔓の略字）と書くのもそんな由来からなのじゃ。

「あれ熊さん、お酒全然飲んでないですね」

「あ、忘れてた。――少し酸味があるけど、飲み口が良えね。でも糸を引いたように少し濁ってる」

一言居士　再登場

三段仕込みで出来上がった醪は、酒袋に入れて積み重ね槽(ふね)という昔ながらの搾り機で、酒袋の重みと圧力を加え酒粕と日本酒に分ける。この工程を上槽(じょうそう)という。最近は連続搾り機を使う蔵も多いが、槽で酒袋の重みだけで搾った酒はあらばしりと呼ぶのだとさ。にごり酒は発酵完了直前の醪を、粗い布で濾した酒なのじゃ。

「にごり酒とはまた違うんやね。圧力を加えず酒袋の重みだけで搾ったなんて、何か贅沢な気がするね」

「土用の丑の日に鰻を食べるのは、平賀源内が鰻屋に頼まれて宣伝したからという説もありますが、季節の変わり目に生命力の強い鰻を食べて、夏バテを防ぐと昔の人は考えたんでしょうね」

「そうやろな。それにしても馬の毛や植物の蔓が変身して鰻になるとは。昔の人は水到りて渠成(きょな)るで、自然の力の偉大さを多く重く考えてたんやなぁ……」

「哲学みたいなこと言うて、熊さんこそ酒の粕が変化して生まれたんじゃないですか?」

「はいはい。お後がよろしいようで。さあ、雀(すずめ)の万年床に帰(けぇ)ろ」

第三十五話　昔は黄色が当たり前の巻（葉月）

水木しげる原作「ゲゲゲの鬼太郎」でお馴染みの妖怪たちは今でも大人気ですが、妖怪の元祖といえば河童（かっぱ）ではないでしょうか。誰もが知ってる緑色の体で頭に皿がのっている河童は、全国各地に伝説が残っています。河童の好物は胡瓜といわれてます。スサノオノミコトを祀る八坂神社の神紋と、胡瓜の断面がよく似ているので、昔京都の人々は祇園祭りの間、神罰を恐れて胡瓜を食べなかったそうです。


「こう毎日暑いと食欲も失せるなあ。大将、何かあっさりした肴と瓶ビールを」

「ハイ、ビール。と肴は旬の胡瓜で、雷和えと河童巻にします」

「雷和えの歯ごたえと音が食欲そそるね。辛子がピリッと効いて微かな酸味が良え。夏は酸味をとれやったね」

「雷和えの由来は、食べる時のガリガリという音が雷のように聞こえるからです。胡瓜の中をくり抜いて、螺旋（らせん）状に切り『たて水』（昆布を入れた塩水）に一昼夜漬け込んで、カリカリになるまで風干しすると雷干しの出来上がりです」

「へえぇ、結構手間かかってるんや」

一言居士　登場

キュウリはヒマラヤ山麓原産で、中国に西域から来たので胡（中国西方の地）の瓜。胡瓜の表皮にある棘の色によって白イボ種と黒イボ種に分けられる。世界には四百種以上の品種があるといわれるが、日本ではほとんどが白イボ系。黒イボ系は九州、四国で少量栽培されている。六〜八月にかけてかわいらしい五弁の黄色い花をつける。日本に胡瓜が伝わった頃は、シルクロードを通って船に乗って来たので、すでに黄色く熟していたそうな。だから大昔は黄色く熟した胡瓜を食べていた。胡瓜を黄瓜と書いていたのもそのせいなのじゃ。

「河童も昔は黄色い胡瓜を食べてたんやろか？　今時黄色い胡瓜が出てきたら、誰も食べんやろな。何か食欲も出てきたし、日本酒にして」

「ハイ。生酒の素濾過を雪冷えでどうぞ」

「少し山吹色してる。でも口当たり柔らかく少し酸味を感じる酒や」

一言居士　再登場

上槽を終えた日本酒は微細な粒子や滓を取り除くために、濾過機にかけるのじゃ。その時、粉末状の活性炭を使用することで色調・香味の調製、味わいもスッキリするそうな。活性炭を使用しない濾過を「素濾過」と言い、濾過そのものを行わない「無濾過」の酒もたまにあるのじゃ。

「この酸味が山葵(わさび)のよう効いた河童巻に合う。女性に例えると、無濾過は素っぴん顔で素濾過は薄化粧にうっすらと紅を差した女性かな」

「僕は素濾過がいいですね」

「大将、そんなこと言うたら女性に怒られるで。まるで素っぴん女性は魑魅魍魎(ちみもうりょう)で、妖怪のような言いぐさや」

「そんなつもりは毛頭ありません。唯(ただ)、熊さんが——」

「うん、何か妖怪？」

「……」

第三十六話　テンプラは外来語の巻（葉月）

今や日本食を代表するひとつ天婦羅は、室町時代末期に日本に伝わり、現在のように衣をつけて揚げるのは江戸時代中期に屋台売りで登場します。天婦羅の語源は諸説あり、例えばポルトガル語で調理の意「テンペロ」。獣肉を断って魚を食べるキリスト教の祭日「テンポラ」。来日した宣教師の教会を南蛮寺と呼び、寺を表すスペイン語「テンプロ」などが訛ったという説です。夏の、天婦羅と言えばこの魚では。


「今日も連続猛暑日記録中やて、堪まらんな。大将、生ビール」

「ハイ。冷夏も困るけど、暑過ぎるのもきついですね」

「若い時は平気やったんやけどなあ。ところで今日の肴は何？」

「今日は鱚(きす)の昆布〆鳴門巻と、金婦羅(きんぷら)を抹茶塩でどうぞ」

「夏と言えば鱚やねぇ。どれどれ」

一言居士　登場

鱚は海のアユと称されてるのじゃ。アユの姿に負けないくらい上品で淡白な味は、どう料理しても美

味しい。江戸時代の頃は、鱚を産後や病気の快気祝いに使っていた。そこから魚偏に喜ぶと書くのだとさ。種類は白鱚・青鱚・ホシ鱚がいるが、白鱚が最も美味なんだと。釣る時の引きが強く、大型の鱚は「ヒジタタキ」の異名を持つほどアタリがあるそうな。

「昆布〆鳴門巻は、昆布の旨味が染みて白身の上品な味を引き立たせて旨い！　金婦羅は天婦羅よりも確かに黄金色してる。まさか、金粉が入ってるの？」

「いえ、さすがに金粉は入ってません。卵黄を余分に溶いた天婦羅粉で揚げてるんです」

「天婦羅も長い歳月の間に、創意工夫されて進化してるちゅうことやね。この肴にはやっぱり日本酒やろ」

「ハイ。非売品なんですけど、蔵元さんにもらった本醸造の『初呑み切り』を涼冷えでどうぞ」

一言居士　再登場

濾過した日本酒は火入れ（六五度くらいで加熱殺菌）を行い、貯蔵するのじゃ。貯蔵した日本酒は香味の劣化や、乳酸菌の増殖を確認するために唎酒をして分析する。六～八月に行われる一回目の検査を初呑み切りと言うのじゃ。

「初しぼりの頃より、落ち着いてきて味に丸味が出てきてる。でもスッキリして旨い！　大将、おかわり」

「ハイ。でもアルコール度数は二〇度以上あるので、気を付けて下さい。これ、お冷やも一緒に飲みながら。熊さんのような酒呑みには、普段からチェイサーをお薦めします」

「過ぎたるは猶及ばざるが如しや。わかってるつもりやのに、飲み出すとついつい……」

「え、わかってたんですか？」

「アホ。金婦羅も食べたことだし、プラプラはしご酒と行こうかな」

「まだはしご酒する元気があるとは、羨ましい」

「元気はあるけど、金が無かった。大将、金貸して」

「……」

第三十七話　ところ変われば名も変わるの巻（最終回）

以前女の子の「将来なりたい職業」に、キャバ嬢が上位にランクインしてると聞いたとき信じ難い気がしましたが、まさに現代社会を物語っているのでしょう。昔風に言えばホステスさんで、ふと小林旭の「昔の名前で出ています」という歌を思い出しました。京都にいる時は忍と呼ばれ、神戸じゃ渚と呼ばれたけれど、という歌詞が印象に残る楽曲です。魚の中にも所変われば名前が変わる魚がいます。その代表がこの魚では。


「お早う大将、久々の朝帰りで今さっき起きたとこや。とりあえず生ビール」

「ハイ、どうぞ。熊さん、もう夜ですよ。あれ、首すじのところ赤いものが……」

「いやぁ、昨日三次会でキャバクラ行ったら、女の子にモテてモテて。二枚目はつらいねぇ」

「……」

「今日はまだ何も食べてないんで腹減った。今日の肴は何？」

「保古（ほご）の煮付と空揚げです」

「お、贅沢やね」

一言居士　登場

保古はフサカサゴ科の一種で、最大の特徴は棘なのじゃ。ゴツゴツしたグロテスクな見た目から、神奈川の方では『ツラアラワズ（面洗わず）』と呼ばれ、関東一般には瘡ぶたがあるように見えるところから笠子と呼ばれてるのさ。また所変われば、関西や高知ではガシラ。中国・四国地方では保古と呼び、北九州ではアラカブ。新潟方面ではハチメと呼ばれている。また江戸時代には、アンポンタンと呼ばれてた不幸な歴史もあるのじゃ。

「ふぅん、大将と一緒で、見た目の悪さからやろな。でも煮付は上品な味で、身はほっこりして旨い！空揚げは二度揚げしてるから頭まで全部食べれる」

「ハイハイ、そろそろ日本酒でしょ。純米酒の原酒が入荷したんで、冷やでどうぞ」

一言居士　再登場

火入れした日本酒はたまに透明度が悪くなったり、白濁することがある。これを白ボケと呼ぶそうな。この場合滓下げという方法を取る。柿シブを使う方法と蛋白分解酵素を使う方法があるんだと。火入れが終わると瓶詰めして出荷となるが、その前にアルコール度数を調整するため、仕込み水を加える割水という作業を行う。この割水を一切行わない酒を原酒と表示できるのじゃ。

「なるほど、さすがに原酒やね。米の香りも強いし、アルコール度数も高く、パンチが効いて濃厚や」

「それにしても熊さん、いい歳して朝までとは若いですねぇ」

「三国志の英雄曹操も、『老驥櫪(きれき)に伏(ふ)して志は千里に在り』と言うとるやろ。俺もベッドに寝たきりになっても、若い娘と一緒に酒呑むで」

「……」

「この保古の空揚げ、食べやすいように中骨取って揚げてたんやね」

「熊さんも昨日キャバ嬢に、骨ぬきにされたんと違いますか？」

「アホ。でも、ここに来る前財布の中見たら、空っぽやったなぁ。何でやろ？」

「そういうのを、アンポンタンと呼ぶんです」

完

日本酒のすすめ

唎酒師（ききざけ）というあまり聞きなれない資格を持つ我々が、唎酒する時に参考にする四タイプ別分類表を書いてみました。

これを読んで、今まで飲んで気に入った日本酒や、これから飲んで美味しいと思う日本酒をこれらのグラフを参考に記録してみてはいかがでしょうか。

柴田書店　発行

新訂　唎酒師必携より抜粋

日本酒の分類

日本酒を（４タイプ）に分類します。薫酒（くんしゅ）　爽酒（そうしゅ）　醇酒（じゅんしゅ）　熟酒（じゅくしゅ）の４つに分けます。

下の表を参考にしてください。

薫酒

甘味　香りが強い
・華やか

熟酒

純米大吟醸酒

大吟醸酒
吟醸酒
に多い

古酒　に多い

香り爽やか　薫酒　熟酒　香りふくよか

酸味　爽酒　醇酒　旨味

生酒

純米吟醸酒
本醸造酒
に多い

純米酒

特別純米酒
特別本醸造酒
に多い

香り控えめ
苦味　・シンプル

爽酒

醇酒

４タイプの特徴

薫酒

甘味 ↑ 香りが強い・華やか

香り…華やかで花や果実のような香り。爽やかな柑橘系を連想させる。

味わい…「甘さ」「とろ味」は中程度。爽やかな酸味とのバランスがいい。口中での余韻は短い。

熟酒

香り…力強く複雑で個性的。スパイスやキノコ類などの濃醇な香りを連想させる。

味わい…コハク色または褐色のとろりとした酸味と旨味の強い味。余韻の長い後味。

香り爽やか ← 酸味　薫酒｜熟酒　爽酒｜醇酒　香りふくよか → 旨味

爽酒

香り…全体的に穏やかで控えめ。わずかな果実香や山菜などの苦味を連想させる。

味わい…清涼感のある軽く、さらりとした味わい。ほのかな甘みと苦味が爽やかさを引き立てる。

苦味 ↓ 香り控えめ・シンプル

醇酒

香り…ふくよかでまろやかな樹木や穀物を連想させる香り。

味わい…少しとろりとした甘味・酸味・苦味が渾然一体とした複雑な味わい。

飲用温度の違い

日本酒は同じでも、飲用温度によって香りも味わいも変化します。

甘味 ↑ 香りが強い・華やか

薫酒

8 ～ 15℃

冷え過ぎると香りが感じにくく、温度が高いとバランスがくずれる。

熟酒

15 ～ 35℃

食後酒的な要素が強い。このタイプは、常温くらいをチビリ・チビリ飲むといい。

← 香り爽やか・酸味 | 薫酒・爽酒 | 熟酒・醇酒 | 香りふくよか・旨味 →

爽酒

5℃前後・15 ～ 20℃

軽快で爽涼な飲み口のこのタイプは冷やし過ぎてもＯＫ

醇酒

10 ～ 50℃

最も飲用温度帯が広く、それぞれの個性に合わせて飲むと面白い。

苦味 ↓ 香り控えめ・シンプル

お燗酒と目安

お燗をして飲むアルコールは世界的にも珍しく、温めることで体にも健康的です。お燗をすることで、香りや味わいも変化し、料理との相性も広がります。酒の個性や好みでいろいろな温度で試して下さい。

おいしいお燗酒は、湯煎で「チロリ」に酒を注ぎ、好みの温度に温めると美味しい。

錫（すず）製チロリは熱伝導が高く、酒の味もまろやかになります。また酒の成分フーゼル油（悪酔の素）を分解します。

燗 酒 の 目 安			
冷や	20℃くらい	上燗	45℃くらい
日向燗	30℃くらい	あつ燗	50℃くらい
人肌燗	35℃くらい	とびきり燗	55℃以上
ぬる燗	40℃くらい		

日本酒と料理の相性

薫酒

甘味

香りが強い・華やか

熟酒

柑橘類を使ったさっぱりした料理

例：

魚のたたき・魚の塩焼き・魚貝類の酒蒸しなど。食前酒向きも多い。

スパイスの効いた濃厚な味つけの料理

例：

どちらかと言うと食後酒的な要素が強い。

香り爽やか　薫酒　熟酒　香りふくよか

酸味　爽酒　醇酒　旨味

淡白な素材を生かした淡い味つけの料理

例：

刺身・卵料理・魚の煮つけ酢物など

油性分の多いコクのある味つけの料理

例：

天麩羅・肉料理・アラ炊き鍋料理など

香り控えめ・シンプル

苦味

爽酒

醇酒

日本酒の分類例（記入例）

味覚は体調やその時の肴によっても変わってきます。このように付箋で記録しておくと、位置を変えられるのでお薦めです。

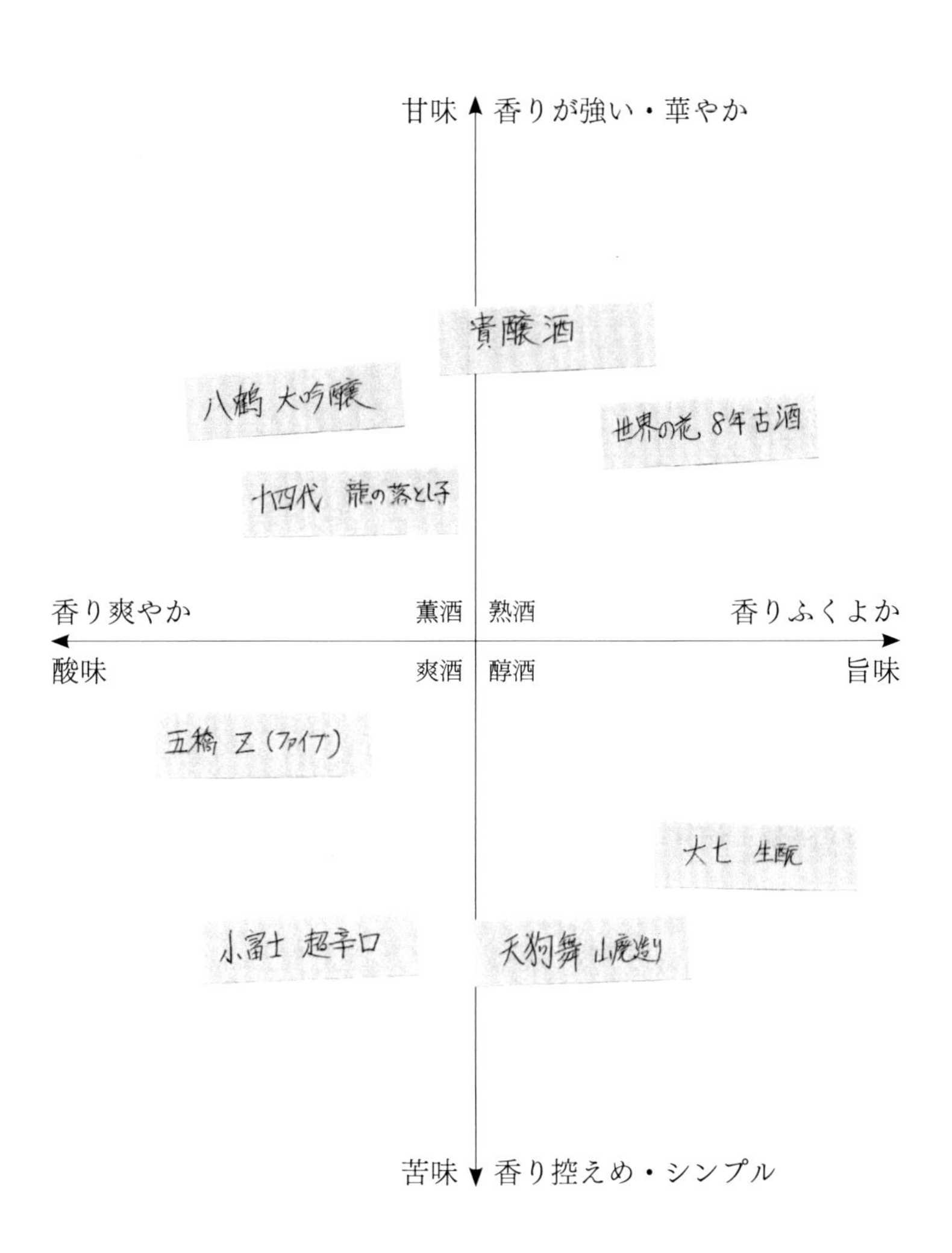

日本酒の分類例

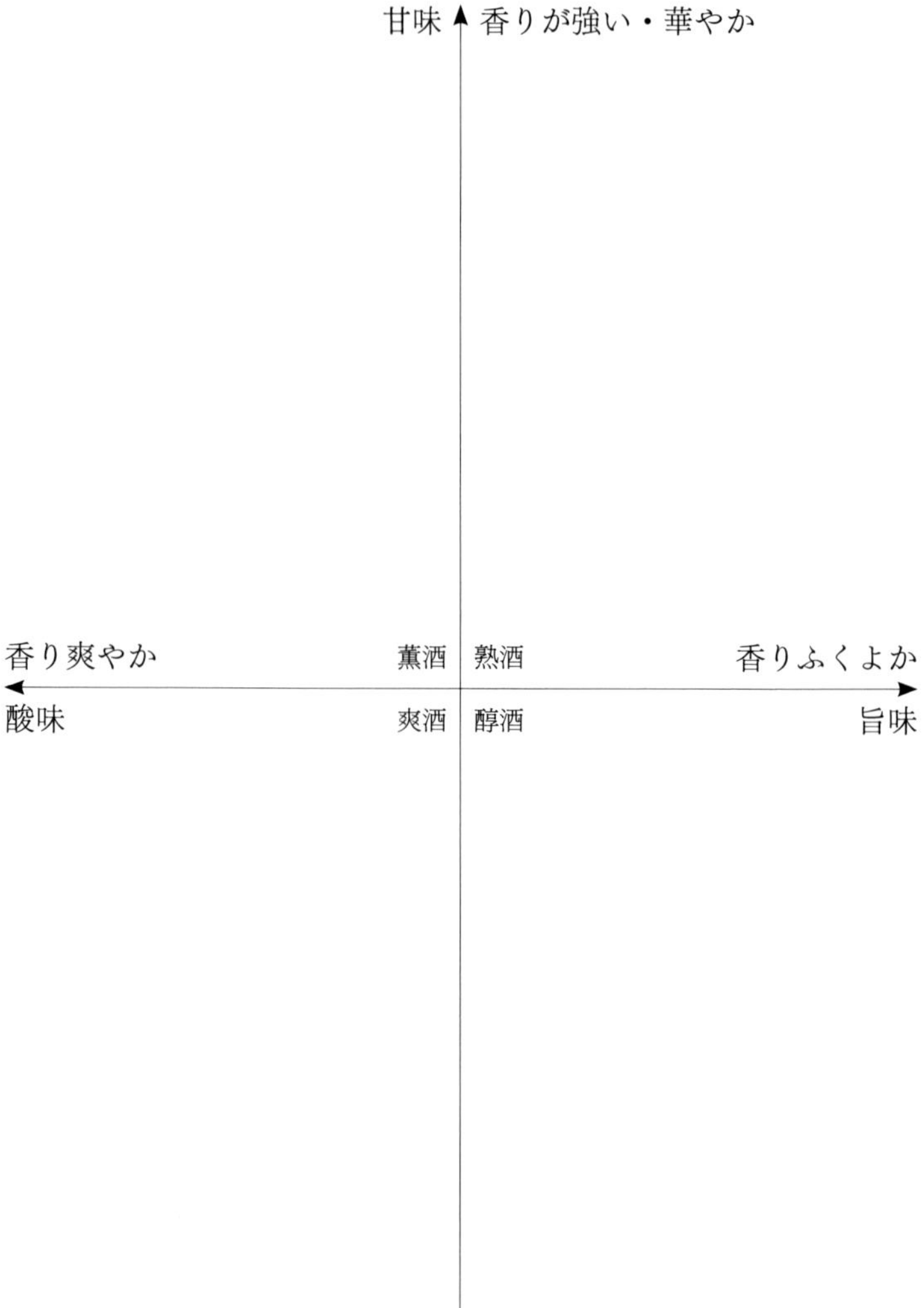

甘味　香りが強い・華やか

香り爽やか　薫酒　熟酒　香りふくよか

酸味　爽酒　醇酒　旨味

苦味　香り控えめ・シンプル

日本酒の分類例

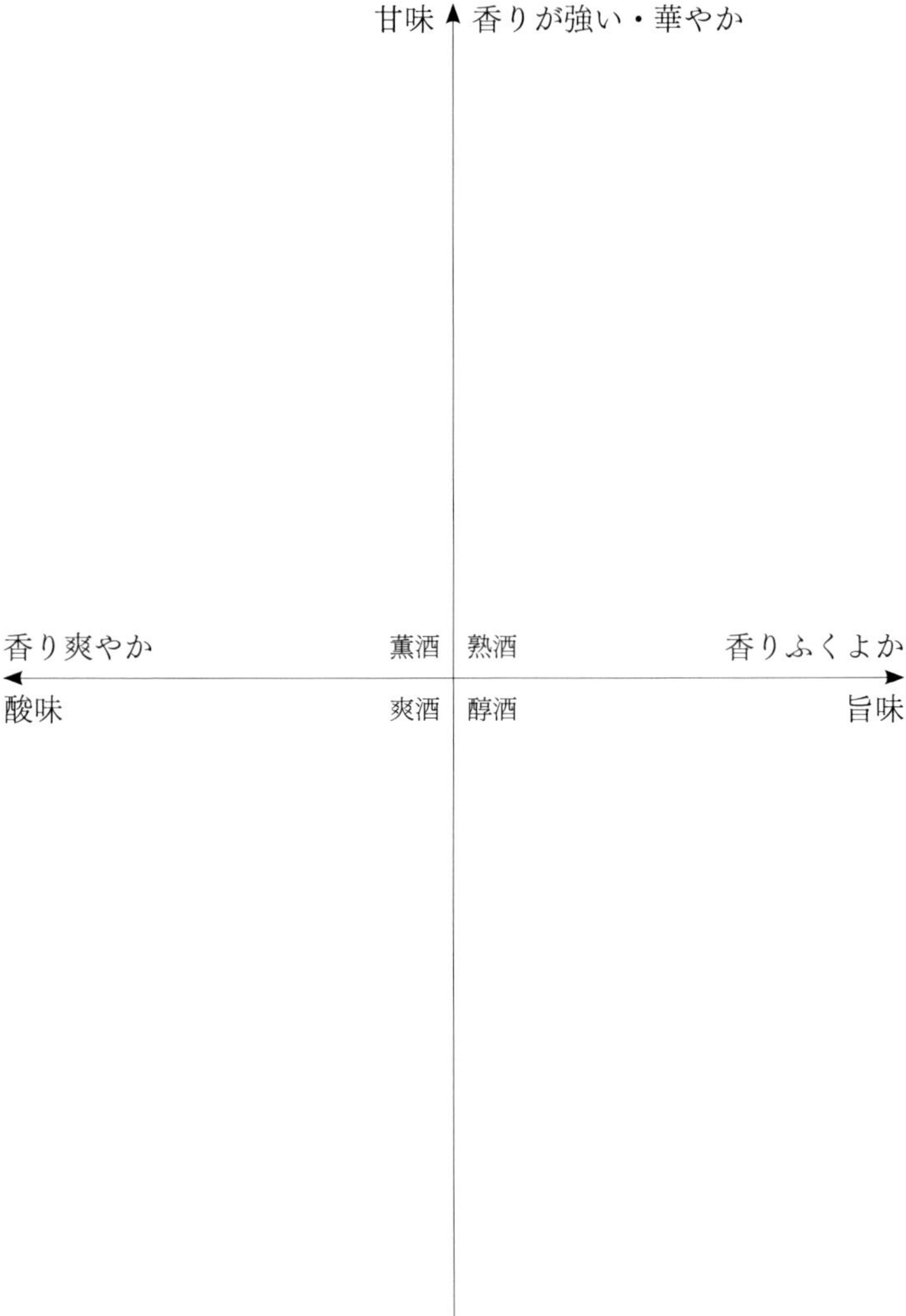

甘味 香りが強い・華やか

香り爽やか

酸味

薫酒 熟酒

爽酒 醇酒

香りふくよか

旨味

苦味 香り控えめ・シンプル

あとがき

コロナ禍の今、コンサートやイベントは中止もしくは人数制限という規制がかかっています。気のおけない仲間と楽しく酒を呑むこともままならないご時世です。不要不急の外出を避けましょうと政府や自治体のトップが声明を出すほどの未曾有の経験をしています。必然、家に居る時間が長くなり、どう有意義に時間を使うか問われているようでもあります。そんな中［リモート飲み会］という新しいかたちで盃を交わす人たちも少なくはないでしょう。

また、ひとり時間が長くなり、読書が見直されていると聞いています。この本を読んでいただき、ひとり酒の肴になればありがたく思います。

実はこの原稿は何年も前に完成していました。いろいろ事情もあり、ずっと書棚に眠っていました。今回、上梓するにあたり中村洋輔氏に多大な尽力を賜りました。

最後に感謝の意を表して締めくくります。

著者　保古将通（ほご・まさみち）

1968年生まれ

酒をこよなく愛し、酒に弱い、日本酒唎酒師の資格を持つ料理人。

凸凹小咄 —日本酒と旬菜—

令和3年11月30日　初版第1刷発行

著者　保古将通

発行人　中村　洋輔

発行　アトラス出版
〒790-0023
愛媛県松山市末広町18-8
TEL・FAX　089-932-8131
HP　http://userweb.shikoku.ne.jp/atlas/
メール　atlas888@shikoku.ne.jp

印刷　有限会社オフィス泰